U0194501

中文版
Dreamweaver CC
基础教程

▶ ▶ ▶ ▶

凤凰高新教育◎编著

北京大学出版社
PEKING UNIVERSITY PRESS

内容提要

Dreamweaver CC 是 Adobe 公司推出的一款网页设计与网站开发专业软件,其强大功能和易操作性令它风靡全球,并成为同类开发工具中的佼佼者。

本书以案例为引导,系统并全面地讲解了 Dreamweaver CC 在网页设计与制作方面的方法和技巧。内容包括网页设计与 Dreamweaver CC 基础知识、站点的创建与管理操作、网页内容的基本编辑操作、网页中的图像创建与编辑、表格的创建与编辑操作、运用多媒体对象丰富网页、网页中的超级链接的应用与设置、模板和库的应用与管理、网页中表单的创建与编辑、网页行为的应用与设置、使用 HTML 代码辅助制作网页、使用 CSS 样式表修饰美化网页、使用 CSS+DIV 布局网页、网页制作综合案例等。

全书内容安排由浅入深,语言写作通俗易懂,实例题材丰富多样,每个操作步骤的介绍都清晰准确,特别适合计算机培训学校作为相关专业的教材用书,同时也可以作为广大 Dreamweaver 初学者、设计爱好者的学习参考书。

图书在版编目(CIP)数据

中文版Dreamweaver CC基础教程 / 凤凰高新教育编著. — 北京:北京大学出版社,2017.3
ISBN 978-7-301-27939-7

Ⅰ.①中… Ⅱ.①凤… Ⅲ.①网页制作工具—教材 Ⅳ.①TP393.092

中国版本图书馆CIP数据核字(2017)第010042号

书　　　名	中文版Dreamweaver CC基础教程
	ZHONGWEN BAN Dreamweaver CC JICHU JIAOCHENG
著作责任者	凤凰高新教育　编著
责 任 编 辑	尹　毅
标 准 书 号	ISBN 978-7-301-27939-7
出 版 发 行	北京大学出版社
地　　　址	北京市海淀区成府路205号　100871
网　　　址	http://www.pup.cn　　新浪微博:@北京大学出版社
电 子 信 箱	pup7@pup.cn
电　　　话	邮购部62752015　发行部62750672　编辑部62580653
印 刷 者	三河市博文印刷有限公司
经 销 者	新华书店
	787毫米×1092毫米　16开本　21.25印张　426千字
	2017年3月第1版　2022年3月第2次印刷
印　　　数	3001-4500册
定　　　价	45.00元

Preface 前 言

目前，网页设计与制作软件层出不穷，而 Adobe 公司推出的 Dreamweaver CC 则是其中的佼佼者。Dreamweaver 是一款专业的网页制作工具，具有可视化的编辑界面和强大的所见即所得的编辑功能，它集网页制作与网站管理于一身，用户不必编写复杂的 HTML 源代码，就可快速生成跨平台、跨浏览器的网页。

本书内容介绍

本书以案例为引导，系统并全面地讲解了 Dreamweaver CC 在网页设计与制作方面的方法和技巧。内容包括网页设计与 Dreamweaver CC 基础知识、站点的创建与管理、网页内容的基本编辑操作、网页中的图像和表格的操作、运用多媒体对象丰富网页、网页中的超级链接的应用与设置、使用模板和库、网页中表单的创建与编辑、网页行为的使用、使用 HTML 代码辅助制作网页、使用 CSS 样式表修饰美化网页、使用 CSS+DIV 布局网页、网页制作综合案例等。

全书内容共分 14 章，具体内容如下。

第 1 章　网页设计与 Dreamweaver CC 基础知识

第 2 章　站点的创建与管理操作

第 3 章　网页内容的基本编辑操作

第 4 章　网页中的图像创建与编辑

第 5 章　表格的创建与编辑操作

第 6 章　运用多媒体对象丰富网页

第 7 章　网页中的超级链接应用与设置

第 8 章　模板和库的应用与管理

第 9 章　网页中表单的创建与编辑

第 10 章　网页行为的应用与设置

第 11 章　使用 HTML 代码辅助制作网页

第 12 章　使用 CSS 样式表修饰美化网页

第 13 章　使用 CSS+DIV 布局网页

第 14 章　网页制作综合案例

附录 A　Dreamweaver CC 常用快捷键索引

本书相关特色

全书内容安排由浅入深，语言写作通俗易懂，实例题材丰富多样，每个操作步骤的介绍都清晰准确。特别适合计算机培训学校作为相关专业的教材用书，同时也可以作为广大 Dreamweaver 初学者、网页设计爱好者的学习参考用书。

内容全面，轻松易学。本书内容翔实，系统全面。在写作方式上，采用"步骤讲述＋配图说明"的方式进行编写，操作简单明了，浅显易懂。百度网盘中附赠本书中所有案例的素材文件与最终效果文件，同时还配有与书中内容同步讲解的多媒体教学视频，让读者轻松学会 Dreamweaver 的网页制作技能。

案例丰富，实用性强。全书安排了 14 个"课堂范例"，帮助读者认识和掌握相关工具、命令的实战应用；安排了 36 个"课堂问答"，帮助读者排解学习过程中遇到的疑难问题；安排了 13 个"上机实战"和 13 个"同步训练"的综合例子，提升读者的实战技能水平；并且每章后面都安排有"知识能力测试"的习题，认真完成这些测试习题，可以帮助读者巩固所学内容（提示：相关习题答案在网盘文件中）。

本书知识结构图

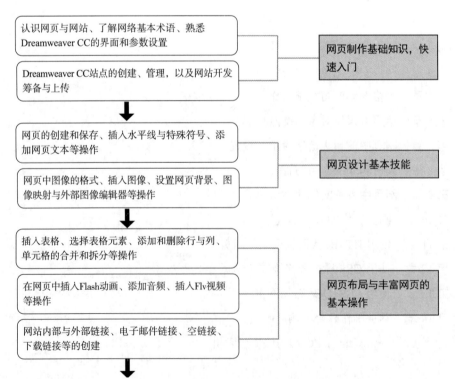

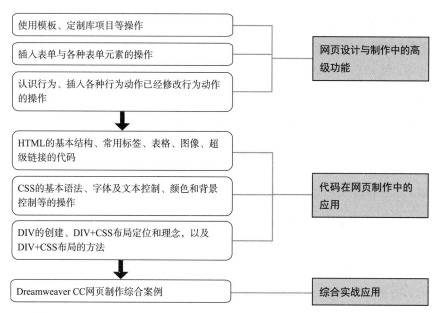

教学课时安排

本书综合了 Dreamweaver CC 软件的功能应用，现给出本书教学的参考课时（共 67 课时），主要包括教师讲授 40 课时和学生上机实训 27 课时两部分，具体见表所示。

章节内容	课时分配	
	教师讲授	学生上机
第 1 章　网页设计与 Dreamweaver CC 基础知识	1	1
第 2 章　站点的创建与管理操作	1	1
第 3 章　网页内容的基本编辑操作	3	2
第 4 章　网页中的图像创建与编辑	2	2
第 5 章　表格的创建与编辑操作	2	2
第 6 章　运用多媒体对象丰富网页	4	2
第 7 章　网页中的超级链接应用与设置	3	2
第 8 章　模板和库的应用与管理	2	2
第 9 章　网页中表单的创建与编辑	4	2
第 10 章　网页行为的应用与设置	4	2
第 11 章　使用 HTML 代码辅助制作网页	2	1
第 12 章　使用 CSS 样式表修饰美化网页	4	2
第 13 章　使用 CSS+DIV 布局网页	4	2
第 14 章　网页制作综合案例	4	4
合　　计	40	27

网盘内容说明

本书附赠了超值的资源，具体内容如下。读者可以扫描封底二维码，关注"博雅读书社"微信公众号，输入本书 77 页的资源下载码，根据提示下载资源。

一、素材文件

指本书中所有章节实例的素材文件。全部收录在网盘中的"素材文件"文件夹中。读者在学习时，可以参考图书讲解内容，打开对应的素材文件进行同步操作练习。

二、结果文件

指本书中所有章节实例的最终效果文件。全部收录在网盘中的"结果文件"文件夹中。读者在学习时，可以打开结果文件，查看其实例效果，为自己在学习中的练习操作提供帮助。

三、视频教学文件

本书为读者提供了长达 120 多分钟的与图书同步的视频教程。读者可以通过相关的视频播放软件（Windows Media Player、暴风影音等）打开每章中的视频文件进行学习，并且有语音讲解，非常适合无基础读者学习。

四、PPT 课件

本书为教师提供了非常方便的 PPT 教学课件，方便各位教师课堂教学使用。

五、习题答案

网盘中的"习题答案汇总"文件，主要为老师及读者提供了每章后面的"知识能力测试"习题的参考答案，还包括本书 3 套综合的"知识与能力总复习题"的参考答案。

六、其他赠送资源

为了提高读者对软件的实际应用，本书综合整理了"设计软件在不同行业中的学习指导"，以方便读者结合其他软件灵活掌握设计技巧、学以致用。同时，本书还赠送了《高效能人士效率倍增手册》，帮助读者提高工作效率。

创作者说

在本书的编写过程中，我们竭尽所能地为您呈现最好、最全的实用功能，但仍难免有疏漏和不妥之处，敬请广大读者不吝指正。若您在学习过程中产生疑问或有任何建议，可以通过 E-mail 或 QQ 群与我们联系。

投稿信箱：pup7@pup.cn

读者信箱：2751801073@qq.com

读者交流 QQ 群：218192911（办公之家）、363300209

CONTENTS 目 录

第1章

网页设计与Dreamweaver
CC 基础知识

　　想要设计出令人满意的网页，不仅要熟练掌握网站设计软件的基本操作，还要掌握网站建设的一些基本知识。

　　本章主要介绍网站建设入门知识，使读者对网站建设有一个大致的了解。通过本章的学习，读者可以了解网页的基本概念、常见的网站类型等。

学习目标

- 认识网页与网站
- 了解网络基本术语
- 了解移动端（手机／平板）网页的设计
- 了解 Dreamweaver CC 的基础
- 掌握 Dreamweaver CC 的参数设置

1.1 认识网页

网页技术来源于国外，是通过 WWW 发布的包含文本、声音、图像等多媒体信息的页面。它的英文名字是 WebPage。网页是一个真实存在的文件，它存储在被访问的 Web 服务器（如网站服务器）上，并通过网络进行传输，然后被浏览器解析和显示。

1.1.1 什么是网页

网站是由网页组成的，一个网页就是一个 HTML 文件，大家通过浏览器看到的画面就是网页。网页是构成网站的基本元素，是将文字、图片等信息相互链接起来而构成的一种信息表达方式，也是承载各种网站应用的平台。

1.1.2 网页与网站的关系

网页是网站的基本信息单位，一个网站通常由众多的网页有机地组织起来，用来为网站用户提供各种各样的信息和服务，好比一栋大楼里的一个个房间。设计网页时必须考虑到它们与网站的内在联系，符合网络技术的特点，体现网站的功能。而这一点正是传统的设计所不曾有的问题，也是传统网页设计师比较欠缺的知识。网页设计师必须深入理解网络技术的特点，了解网站与网页的关系，才能发挥出专业基础的优势，设计出精彩的网页。

1.1.3 静态网页与动态网页

网页一般分为静态网页和动态网页。

静态网页是标准的 HTML 文件，它是采用 HTML（超文本标记语言）编写的，通过 HTTP（超文本传输协议）在服务器和客户端之间传输的纯文本文件，扩展名为 .html 或 .htm。

动态网页在许多方面与静态网页是一致的，它们都是无格式的 ASCII 文件，都包含 HTML 代码，都可以包含用脚本语言（比如 JavaScript 或 VBScript）编写的程序代码，都存放在 Web 服务器上，收到客户请求后都会把响应信息发送给 Web 浏览器。根据采用 Web 应用技术的不同，动态网页文件的扩展名也不同。例如，在文件中使用 ASP（Active Server Pages）技术时，文件扩展名是 .asp，使用 JSP（Java Server Pages）技术时文件扩展名为 .jsp。

将设计好的静态网页放置到 Web 服务器上，即可访问它，若不修改更新，这种网页将保持不变，因此称为静态网页。实际上，静态网页在呈现形式上可能不是静态的，它可以包含翻转图像、Gif 动画或 Flash 动画等，如图 1-1 所示。这里所说的静态是指在发送给浏览器之前不再进行修改。

对于客户而言，不管是访问静态网页还是动态网页，都需要使用网页浏览器，在地址栏输入要访问网页的 URL（统一资源定位器，即通常所说的网址）并发出访问请求，然后才能看到浏览器所解释并呈现的网页内容。

URL 用来标明访问对象，由协议类型、主机名、路径及文件名组成。但更多时候，访问网站的 URL 并不包含路径及文件名。例如，访问同程旅游网时只需输入 http://www.ly.com 即可，如图 1-2 所示。原因何在？这是由于主机在解释 URL 时发现若没有指明具体文件，则认为要访问默认的页面，那么 http://www.ly.com 实际上就被解释为 http://www.ly.com/index.html。

图 1-1　静态网页

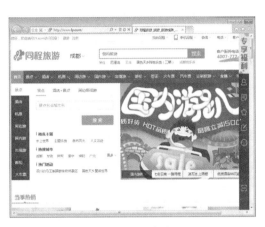
图 1-2　同程旅游网

网页（Web Page）和主页（Home Page）是两个不同的概念。一个网站中主页只有一个，而网页可能成千上万，通常所说的主页是指访问网站时看到的第一页，即首页。首页的名称是特定的，一般为 index.htm、index.html、default.htm、default.html、default.asp、index.asp、index.jsp 等，当然这个名称是由网站建设者所指定的。图 1-3 和图 1-4 所示为一家企业网站的静态首页和一个儿童网站的动态首页。

图 1-3　企业网站的静态首页

图 1-4　儿童网站的动态首页

1.1.4 网络基本术语

前面已经讲解了网页和网站的一些基础知识，这里再就一些常用的网络术语做详细介绍，以方便读者学习后面的内容。

1．域名

域名相当于写信时的地址。简单地说，在浏览一个网站时，首先要在浏览器的地址栏中输入对应的网址，如网易 http://www.163.com，该网址中的 163.com 就是网易网站的域名。域名在互联网上具有唯一性。

2．HTTP

HTTP 即超文本传输协议，它是 WWW 服务器使用的主要协议。此外，有时也会看到 HTTPS 这种协议，它是一种具有安全性的 SSL 加密传输协议，需要到 CA 申请证书。

3．FTP

FTP 是网络上主机之间进行文件传输的用户级协议。在本书最后讲解的上传文件到互联网上，就是用 FTP 的传输软件将已完成的作品上传到互联网供浏览者访问。

4．超级链接

超级链接是网络的联系纽带，用户通过网页中的超级链接可以在互联网上畅游，而不受任何阻隔。在网页中，超级链接体现最为明显的就是导航栏，它是网站中用于引导浏览者浏览本网站的基础目录。

5．站点

站点是网页设计人员在制作网站时，为了方便对同一个目录下的内容相互调用而创建的一个文件夹，主要用来管理网站的内容。一个网站中可以包含一个站点，如个人网站、企业网站等；也可包含若干个站点，如新浪、网易、搜狐等大型门户网站。

1.1.5 认识网站类型

网站就是把一个个网页系统地链接起来的集合，如新浪、搜狐、网易等。网站按其内容的不同可分为个人网站、企业类网站、娱乐游戏类网站、机构类网站、电子商务类网站和门户网站等，下面分别进行介绍。

1．个人网站

个人网站的设计比商业网站要自由得多，不同的行业，不同兴趣和爱好的网页制作者，不同的设计目的，所设计出来的网页会有很大的不同。一个好的网页设计，不一定很优美、很完善，但在搭配上很和谐，也可能很有个性。不同风格的网站，都会在网络上找到属于自己的知音。如图1-5所示就是一个个人网站。

2．企业网站

随着信息时代的到来，企业网站作为企业的名片越来越受到人们的重视，成为企业宣传品牌、展示服务与产品乃至进行所有经营活动的平台和窗口。通过网站可以展示企业形象，扩大社会影响，提高企业的知名度，如图1-6所示是一个企业网站。

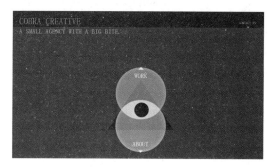

图1-5　个人网站　　　　　　　　　　　图1-6　企业网站

企业网站的制作要体现企业的文化，在企业网页的制作中，色调和版式决定了企业的风格和文化，这对企业整体品牌的影响是至关重要的。把企业的网页作为平台，让顾客了解企业的基本信息，所以制作企业网站时，首先要结构清晰，其次，所浏览的内容要很容易让浏览者找到。

3．娱乐游戏类网站

娱乐游戏类网站大都是以提供娱乐信息、流行音乐和互动游戏为主的网站，如很多在线游戏网站、电影网站和音乐网站等，它们可以提供丰富多彩的娱乐内容。这类网站的特点也非常显著，通常色彩鲜艳明快，内容综合，多配以大量图片，设计风格或轻松活泼，或时尚另类。

娱乐游戏类网站的设计要求比较高，除了要表现出网页内部包含的内容，还要注意网页的分类和布局结构。只有设计漂亮的网页，才能引起爱好者的浏览兴趣。如图1-7所示是一个娱乐游戏类网站。

4．机构类网站

所谓机构类网站通常是指政府机关、非营利性机构或相关社团组织建立的网站。这类网站在互联网中应用十分广泛，如学术组织网站、教育网站、机关网站等，都属于这一类型。这类网站的风格通常与其组织所代表的意义相一致，一般采用较常见的布局与配色方式。如图1-8所示是一个机构类网站。

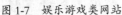

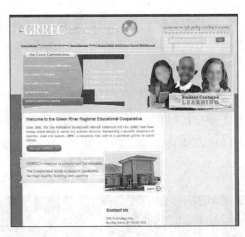

图 1-7　娱乐游戏类网站　　　　　　　　　图 1-8　机构类网站

5.电子商务类网站

电子商务类网站建设有多种类型，其中最为常见的是在互联网上成立虚拟商场，为人们提供一种新的购物方式。随着网络的普及和人们生活水平的提高，网上购物已成为一种时尚。丰富多彩的网上资源、价格实惠的打折商品、服务优良送货上门的购物方式，已成为人们休闲、购物两不误的首选方式。网上购物也为商家有效地利用资金提供了帮助，而且通过互联网来宣传自己的产品覆盖面广，因此现实生活中涌现出了越来越多的购物网站。如图 1-9 所示就是一个电子商务类网站。

6.门户类网站

门户类网站将无数信息整合、分类，为上网者打开方便之门，绝大多数网民通过门户类网站来寻找自己感兴趣的信息资源，巨大的访问量给这类网站带来了无限的商机。门户类网站涉及的领域非常广泛，是一种综合性网站，如搜狐、网易、新浪等。此外，这类网站还具有非常强大的服务功能，如搜索、论坛、电子邮箱、虚拟社区、游戏等。门户类网站的外观通常简洁大方，用户所需的信息在上面基本都能找到。

目前国内较有影响力的门户类网站有很多，如新浪（www.sina.com.cn）、搜狐（www.sohu.com）、网易（www.163.com）和腾讯（www.qq.com），等等。如图 1-10 所示是腾讯网的页面。

图 1-9　电子商务类网站　　　　　　　　图 1-10　门户类网站

1.2 网站建设的基本流程

作为网页的集合，网站的类型、主题和风格决定着网站中各个网页尤其是主页的设计思路与实现手段。不同类型网站的设计制作过程是不一样的，但大体上都遵循着选择网站主题、规划网站栏目和目录结构、设计网页布局及整合网页内容这4个步骤进行。

1.2.1 选择网站主题

在制作网页时，首先要清楚建立网站的目的是什么。如果是个人网站，那么网页的设计可以围绕个性化来进行；如果是企业网站，则应立足于企业形象展示来进行。在确定网站主题后，即可组织网站内容，搜集所需资料，尤其是相关的文本和图片，准备得越充分，越有利于下一步网站栏目的规划。

1.2.2 规划网站栏目和目录结构

确定了网站主题后，即可根据网站内容开始规划网站栏目。网站栏目实际上是一个网站内容的大纲索引，在规划时要注意以下几点。

① 对搜集到的资料进行分类，并为其建立专门的栏目，各栏目的主题围绕网站主题展开，同时栏目的名称要具有概括性，各栏目名称的字数最好相同。规划网站栏目的过程实际上是对网站内容的细化，一个栏目有可能就是一个专栏网页。

② 在创建网站目录结构时，不要将所有的文件都存放在根目录下，而是应该按照网站栏目来建立，例如，企业站点可以按公司简介、产品介绍、在线订单、反馈信息等建立相应的目录。通常一个站点根目录下都有一个 Images 目录，如果把站点的所有图片都放在这个目录下，不便于管理，因此也应该为每个栏目建立一个独立的 Images 目录，而根目录下的 Images 目录只用于存放主页中的图片。

③ 在为目录文件命名时要使用简短的英文形式，文件名应少于8个字符，一律以小写处理。另外，大量同一类型的文件应该以数字序号标识区分，以利于查找修改。

1.2.3 设计网页布局

网页的布局主要是针对网站主页的版面设计，因此最好先用笔把构思的页面布局草图勾勒出来，然后再进行版面的细化和调整。在设计时应该把一些主要的元素放到网页中，例如，网站的标志、广告栏、导航条等，这些元素应该放在最突出、最醒目的位置，然后再考虑其他元素的放置。把各主要元素确定好之后，下面就可以考虑文字、图片、表格等页面元素的排版布局了。确定布局草案后，利用网页制作工具（如 Dreamweaver）

把草案做成一个简略的网页，以观察总体效果，然后对不协调的地方进行调整。

网页布局的好坏是决定网站美观与否的一个重要方面，通过合理的、有创意的布局，才能把文字、图像等内容完美地展现在浏览者面前。作为网页制作初学者来说，应该多参考优秀站点的版面设计，多阅读平面设计类书籍，以提高自己的艺术修养和网页版面布局水准。

1.2.4 整合网页内容

在确定了网页布局后，就需要将收集到的素材落实为网站标志、广告栏、导航栏、按钮、文本、图片、动画等页面元素，这一阶段的任务实际上是通过各种图形图像工具和文字工具对素材进行编辑和处理，然后通过网页制作工具将其添加到布局版面中，完成网页的制作。

> **温馨提示**
>
> 要使一个网页能在 Internet 上正常地让浏览者访问，就必须考虑如何让网页文件保持很好的兼容性。兼容性包含很多方面的因素，如不同的分辨率和显示品质的显示，不同的操作系统，不同版本的浏览器等。这么多因素我们不可能为每一个访问者优化页面，但是下面的几个方法可以满足大多数访问者的浏览需求。
>
> （1）网站风格要统一
>
> 一个网站中各个网页上的图像、文字、背景颜色、分隔线、字体、标题、注脚都要统一风格，访问者才会感到舒服、顺畅，才会给访问者一个比较专业的印象。
>
> （2）避免大型表格
>
> 为了加快网页的浏览速度，在制作网页时应尽可能避免使用大型表格，并尽量减少表格嵌套层次，最多嵌套三层。由于表格与图像和文本不同，表格是全部加载完后才会显示内容，而文本和图像则是一边下载一边显示。
>
> （3）避免空链接、无效链接
>
> 在网站中尽量避免出现空链接和无效链接，否则会影响访问，如果不清楚站点中是否存在空链接或无效链接，可以通过 Dreamweaver 中的测试链接来检查。如果有尚未完成的页面，可以在该页面中添加"正在建设中……"，加以说明。

1.3 移动端（手机／平板）网页的设计

随着科技的发展，以及人们生活、工作、消费方式等的转变，现在上网不再仅限于计算机、笔记本电脑，各种移动设备（如手机、平板电脑等）已超过桌面设备，成为访问互联网的常见终端。因此，将 PC 端网站延伸到移动端已成为当今企业发展的一种硬性需求。

1.3.1 移动端网页与 PC 端网页设计的区别

相对 PC 端网站而言，移动端网站是一个新生事物。难免会有人对它产生好奇和疑问：

移动端网站和PC端网站有什么区别？

第一，风格特点不同。PC端网站和移动端网站在风格上有"详"与"简"的区别。PC端网站展现的是企业全面、详细的信息，它的特点是面面俱到；而移动端网站是具有定位、分享、留言等基本功能的网站，它只展现企业的核心信息，针对性和目的性较强，传输数据量小，访问速度快，这些特点更有利于其在移动终端发挥营销价值。简而言之，它是PC端网站的简约版，具备画面清晰、板块简约、排版整齐、视觉冲击力强等优势。

第二，登录方式不同。PC端网站需要通过输入网址或者通过搜索引擎来进行访问，而移动端网站的访问方式更新颖、更方便，例如，可通过扫描二维码直接登录访问，省去了手动输入网址的麻烦。众所周知，能减少麻烦的产品更具生命力，更容易吸引客户，被客户所接受。

第三，显示终端不同。PC端网站只适合计算机页面浏览，不适合手机页面的浏览，一旦PC端网站在手机上展示，就会不可避免地出现比例不协调，排版不整齐、错位、变形、甚至出现乱码的现象。而移动端网站是针对手机屏幕和手机分辨率的大小而定制的网站，文字和图片的显示比例都适合手机页面浏览，与手机用户的视觉习惯和需求相吻合。

1.3.2　移动端网页设计的原则

对于移动端网页的设计概念，一般需遵循以下原则。

1．简化内容

一般的手机、平板电脑等设备，不易容纳适合于个人计算机的庞大网页资讯，因此移动端网页的首要重点就是减少内容，不论是图片、文字或影音。

将重要的资讯放入移动端网页，重要的、读取需要时间的内容，则可以通过超链接链接到官方网站。

移动端网站必须重视内容简化这一点，一个满载链接内容的网站是无法获得网络客户的青睐的。

2．滑动网页

移动端的屏幕尺寸都不如计算机大，尤其是阅读文字时更需要加以放大。虽然移动端都具有网页放大／缩小的功能，但是观看起来较为麻烦。

因此设计移动端网页时，建议能够以滑动屏幕的方式阅读网站，因为滑动网页比起放大网页观看简单多了。

3．导览功能

移动端网页与一般网页不同的地方在于，当浏览网页到最后时，要回到最前头非常麻烦，因此设计网页时要加强导览的功能，让网页变得更易于在移动设备上浏览。导览设计的重点包含以下几个方面。

- 只在首页的部分加入搜寻的功能。
- 建立导览功能键，其中以"回到首页""回到上一页"这两个最为重要。
- 除了首页以外，其余的页面都需要放置"回到上一页"的按键。

4. 减少文字输入

移动端大多没有实体的键盘，因此输入文字上会比使用键盘麻烦得多。所以，减少使用者输入文字的机会，例如，输入个人的账号、密码等，都是移动端网页要尽力避免的。设计的重点如下。

- 允许移动端上网使用者存储输入的账号、密码等资料。
- 输入的区块尽量加以放大。
- 允许移动端上网使用者输入简易的密码，如 PIN 数字密码。

1.3.3　规划不同产品上的功能

PC 端屏幕较大，而且有鼠标和键盘，用户能通过鼠标点击的方式快速地完成各种任务。然而在平板与手机端，其屏幕较小，能呈现的信息有限，交互形式也是精度相对较差的触摸形式，所以移动端的功能应该做减法。

对于老产品，如淘宝网，其 PC 端本身极其复杂。那么在产品设计时，应更多地思考移动端用户的使用情景和核心功能，先去满足最核心的功能，满足有手机特色和移动情景的功能。

1.4　Dreamweaver CC 工作界面

Dreamweaver CC 是 Adobe 公司推出的一款拥有可视化编辑界面，用于制作并编辑网站和移动应用程序的网页设计软件。它将可视布局工具、应用程序开发功能和代码编辑支持组合为一个功能强大的工具系统，使各个级别的开发人员和设计人员都可利用它快速地创建网页界面。在计算机中安装了 Dreamweaver CC 之后，就可以启用该软件进行网页制作了。

在计算机桌面的左下角单击【开始】菜单按钮，然后在【程序】菜单中单击【Adobe Dreamweaver CC】，即可启动 Dreamweaver CC，或者直接双击桌面上的快捷启动图标 启动 Dreamweaver CC。当初次启动 Dreamweaver CC 时，会出现一个欢迎屏幕，欢迎屏幕包含 3 个栏目，分别是【打开最近的项目】、【新建】、【主要功能】，如图 1-11 所示。

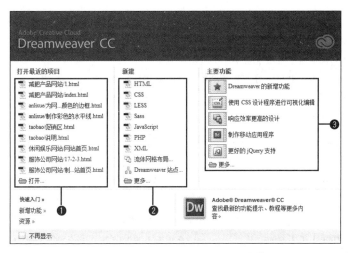

图 1-11 Dreamweaver CC 欢迎屏幕

❶ 打开最近的项目	显示用户最近编辑过的页面或站点，单击名称可以打开相应的项目文件
❷ 新建	快速创建新的文件，并有多种文件类型可供用户选择
❸ 主要功能	提供 Dreamweaver CC 热门的新功能介绍，并链接到 Adobe 官网上提供的网络视频

温馨
提示
　　如果不需要显示欢迎屏幕，可以选中欢迎屏幕最下面的【不再显示】复选项，再次启动 Dreamweaver CC 时，欢迎屏幕就不会再出现。

　　单击欢迎屏幕中【新建】栏目下的【HTML】选项，系统默认的工作界面如图1-12所示，下面分别就每个组成部分进行介绍。

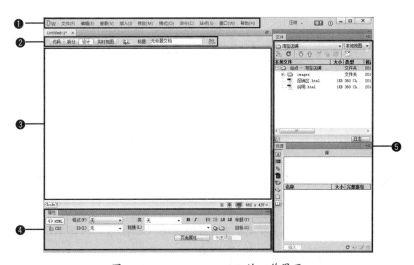

图 1-12 Dreamweaver CC 的工作界面

❶ 菜单栏	Dreamweaver CC 菜单栏上共有10个菜单，分别是【文件】菜单、【编辑】菜单、【查看】菜单、【插入】菜单、【修改】菜单、【格式】菜单、【命令】菜单、【站点】菜单、【窗口】菜单和【帮助】菜单
❷ 工具栏	使用工具栏中的视图工具可以在文档的不同视图之间进行切换，如【代码】视图、【设计】视图等 【代码】按钮 代码 ：单击该按钮，仅在文档窗口中显示和修改 HTML 源代码 【拆分】按钮 拆分 ：单击该按钮，可在文档窗口中同时显示 HTML 源代码和页面的设计效果 【设计】按钮 设计 ：单击该按钮，仅在文档窗口中显示网页的设计效果 【实时视图】按钮 实时视图 ：单击该按钮，可模拟在浏览器中看到的效果 【在浏览器中预览／调试】按钮 ：单击该按钮，可通过浏览器来预览网页文档 【标题】文本框 标题：无标题文档 ：在该文本框中可输入要在浏览器中显示的文档标题 【文件管理】按钮 ：单击该按钮，可管理站点中的文件，包括【上传】、【取出】等
❸ 文档窗口	文档窗口又称为文档编辑区，主要用来显示或编辑文档，其显示模式有3种：代码视图、拆分视图、设计视图
❹ 【属性】面板	【属性】面板位于文档状态栏的下方，主要用来设置页面上正被编辑内容的属性。可以通过执行【窗口】→【属性】命令或按【Ctrl+F3】组合键的方式打开或关闭【属性】面板。根据当前选定内容的不同，【属性】面板中所显示的属性也会不同。在大多数情况下，对属性所做的更改会即时应用到文档窗口中，但有些属性则需要在【属性】面板外单击鼠标左键或按下【Enter】键才会有效
❺ 面板组	在 Dreamweaver CC 中，面板组都嵌入到了操作界面中。面板组位于工作界面的右侧，用于帮助用户进行监控和修改工作。在面板中对相应的文档进行编辑操作时，效果会同时显示在窗口中，从而更有利于用户对页面的编辑

1.5 Dreamweaver CC 的参数设置

在 Dreamweaver CC 中，通过设置参数可以改变 Dreamweaver 界面的外观及面板、站点、字体等对象的属性特征。首选参数的类型比较多，这里将选择一些较常用的类型进行介绍。

1.5.1 常规参数

执行【编辑】→【首选项】命令，打开【首选项】对话框，选择【分类】列表中的【常规】选项，如图1-13所示。

- 显示欢迎屏幕：选中该复选项，Dreamweaver CC 在启动时将显示欢迎屏幕。
- 启动时重新打开文档：确定以前编辑过的文档在再次启动后是否重新打开。
- 打开只读文件时警告用户：控制在打开只读文件时是否提示该文件为只读文件。
- 启用相关文件：选择该复选项，打开网页文件时启用相关的文件。

图 1-13　常规参数

- 移动文件时更新链接：用来设置移动文件时是否更新文件中的链接。

- 插入对象时显示对话框：该复选项用于决定在插入图片、表格、Shockwave 电影及其他对象时，是否弹出对话框；若不选中该复选项，则不会弹出对话框，这时只能在【属性】面板中指定图片的源文件、表格行数等。

- 允许双字节内联输入：选中该复选项，就可以在文档窗口中直接输入双字节文本；不选中该复选项，则会出现一个文本输入窗口来输入和转换文本。

- 标题后切换到普通段落：选中该复选项，输入的文本中可以包含多个空格。

- 允许多个连续的空格：选中该复选项，就可以输入多个连续的空格。

- 用 <strong> 和 <em> 代替 <b> 和 <i>：选中该复选项，代码中的 <b> 和 <i> 将分别用 <strong> 和 <em> 代替。

- 在 <p> 或 <h1>-<h6> 标签中放置可编辑区域时发出警告：指定在 Dreamweaver 中保存一个段落或标题标签内具有可编辑区域的 Dreamweaver 模板时是否发出警告信息。该警告信息会通知用户将无法在此区域中创建更多段落。

- 历史步骤最多次数：该参数用于设置【历史】面板所记录的步骤数目。如果步骤数超过了这里设置的数目，则【历史】面板中前面的步骤就会被删除。

- 拼写字典：该下拉列表用于检查所建立文件的拼写，默认为英语（美国）。

1.5.2　代码格式

选择【分类】列表中的【代码格式】选项，如图 1-14 所示。在对话框中可以对代码格式进行设置。

图 1-14　代码格式

- 缩进：在 Dreamweaver 中，对于 HTML 标签的默认缩进值为两个空格，用户可以根据需要自行设置。

- 制表符大小：在文本框中可以设置制表符的大小。

- 换行符类型：该选项决定了哪种换行符会被添加到页面上。每个操作系统使用的结束字符都是不同的：Mac 使用 carriage return（CR），UNIX 使用 line feed（LF），而 Windows 使用 CR 和 LF。如果知道远程服务器的类型，选择正确的换行符类型以确保源代码在远程服务器上能够正确地显示。单击"换行符类型"文本框右侧的下拉箭头按钮，可以选择所使用的操作系统。

- 默认标签大小写：设置标签的大小写。

- 默认属性大小写：设置属性的大小写。系统对标签和属性的默认设置为小写。

- 覆盖大小写：选择"标签"复选项或"属性"复选项后，使用 Dreamweaver 打开的每个文档中的所有标签或属性将转换为指定的大小写。

- TD 标签：选择该复选项可以保证在 <td> 标签内没有换行符。

- 高级格式设置：可以设置 CSS 与标签库。

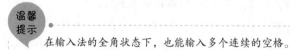

温馨提示　在输入法的全角状态下，也能输入多个连续的空格。

1.5.3　代码颜色

选择【分类】列表中的【代码颜色】选项，其参数如图 1-15 所示。

● 文档类型：单击【编辑颜色方案】按钮，可以打开【编辑 HTML 的颜色方案】对话框，如图 1-16 所示，通过该对话框可以修改 Dreamweaver 代码颜色的很多内容。

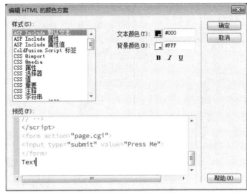

图 1-15　代码颜色　　　　　　图 1-16　【编辑 HTML 的颜色方案】对话框

● 默认背景：修改默认代码视图的背景颜色。

● 实时代码背景：修改实时代码的背景颜色。

● 只读背景：编辑只读背景颜色。

● 隐藏字符：修改隐藏字符的背景颜色。

● 实时代码更改：编辑实时代码的背景颜色。

1.5.4　复制 / 粘贴

选择【分类】列表中的【复制 / 粘贴】选项，其参数如图 1-17 所示。Dreamweaver 在处理文本时加强了它的复制和粘贴的能力。现在，当一段任意的文本文档被复制时（包含来自 Microsoft Office 的文本），都能粘贴到 Dreamweaver 中，Dreamweaver 自动地将其格式转换为 HTML 格式。

● 仅文本：粘贴无格式的纯文本，包括分行和段落都会被删除。

● 带结构的文本：粘贴文本并保留结构，但不保留基本格式设置，如列表、段落、分行和间隔。

● 带结构的文本以及基本格式：粘贴简单的格式化文本，如粗体、斜体和下划线。如果文本是从 HTML 文档中复制的，粘贴的文本将保留所有的 HTML 文本类型标签，包括 <b>、<i>、<u>、<strong>、<em>、<abbr> 和 <acronym>。

● 带结构的文本以及全部格式：粘贴文本并保留所有的结构和格式。

● 保留换行符：复制 / 粘贴时保留文本换行符。

图 1-17　复制 / 粘贴

- 清理 Word 段落间距：从 Word 中复制文本过来时清理相关文本的段落间距。
- 将智能引号转换为直引号：选中此复选项，将把智能引号转换为直引号。

1.5.5　在浏览器中预览

选择【分类】列表中的【在浏览器中预览】选项，其参数如图 1-18 所示。该对话框显示当前定义的主浏览器和次浏览器及它们的设置。

图 1-18　在浏览器中预览

- ：单击按钮，可以在【浏览器】列表中添加新的浏览器。

- ▬：选择要删除的浏览器，单击▬按钮，可以删除选中的浏览器。

- 编辑(E)...：若要更改选定浏览器的设置，可以单击 编辑(E)... 按钮进行更改。

- 默认：通过勾选"主浏览器"和"次浏览器"复选项，可指定所选浏览器是主浏览器还是次浏览器。

- 使用临时文件预览：选择此复选项，预览时 Dreamweaver 将创建用于预览和服务器调试的临时文件，而不是直接更新当前文档。如果要直接更新当前文档，则不需要勾选此复选项。

1.5.6 字体

在 Dreamweaver CC 中，可以为新文件设置默认字体或者对新字体进行编辑。选择【分类】列表中的【字体】选项，其参数如图 1-19 所示。

图 1-19　字体

- 字体设置：Dreamweaver CC 文件中可以使用的字体。

- 均衡字体：在正规文本中使用的字体，如段落、标题及表格中的文本所使用的字体。默认字体为系统已经安装的字体。

- 固定字体：Dreamweaver CC 在 <pre>、<code> 及 <tt> 标记中使用的字体。

- 代码视图：显示在【代码】面板中文本的字体，默认字体与"固定字体"相同。

- 使用动态字体映射：选择该复选项可以定义模拟设备时所使用的设备字体。在网页文件中，用户可以指定通用设备字体，如 sans、serif 或 typewriter。Dreamweaver 会在运行时自动尝试将选定的通用字体与设备上的可用字体相匹配。

课堂范例——使网页中的图片紧贴浏览器左上角

步骤 01　在 Dreamweaver CC 中新建一个网页文件，执行【修改】→【页面属性】命令，打开【页面属性】对话框。

步骤 02　在【左边距】和【上边距】文本框中都输入 0，完成后单击【确定】按钮，如图 1-20 所示。

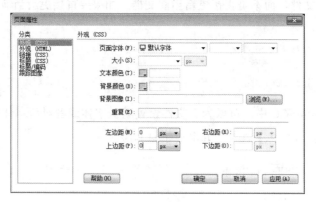

图 1-20　【页面属性】对话框

步骤 03　执行【插入】→【图像】→【图像】命令，打开【选择图像源文件】对话框，在对话框中选择需要插入的图像"网盘 \ 素材文件 \ 第 1 章 \kt1-1.jpg"，如图 1-21 所示。

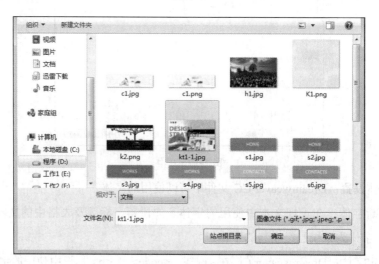

图 1-21　选择图像

步骤 04　单击【确定】按钮，即可在网页中插入图像，如图 1-22 所示。

步骤 05　按快捷键【Ctrl+S】保存网页，按【F12】键浏览网页，最终效果如图 1-23 所示。

图 1-22　插入图像

图 1-23　最终效果

课堂问答

通过本章的讲解，读者对网页知识与 Dreamweaver CC 的操作有了一定的了解，下面列出一些常见的问题供学习参考。

问题❶：网页是由什么组成的？

答：一个网页就是一个 HTML 文件，而大家通过浏览器看到的画面就是网页。网页是构成网站的基本元素，是将文字、图片等信息相互链接起来而构成的一种信息表达方式，也是承载各种网站应用的平台。文字与图片是构成网页的两个基本要素，另外还有表单、导航、动画、广告等。

问题❷：如何自定义窗口中的面板布局？

答：可以将窗口中的面板进行停靠、成组、浮动等操作。

1．停靠操作

停靠区域位于面板、群组或窗口的边缘。如果将一个面板停靠在一个群组的边缘，那么周边的面板或群组窗口将进行自适应调整，如图 1-24 所示。在图中将 A 面板拖曳到另一个面板正上方的高亮显示 B 区域，最终 A 面板就停靠在 C 位置。同理，如果要将一个面板停靠在另外一个面板的左边、右边或下面，那么只需要将该面板拖曳到另一个面板的左、右或下面的高亮显示区域，就可以完成停靠操作。

2．成组操作

成组区域位于每个组、面板的中间或是在每个面板最上端的选项卡区域。如果要将面板进行成组操作，只需要将该面板拖曳到相应的区域即可，如图 1-25 所示。在图中将 A 面板拖曳到另外的组或面板的 B 区域，最终 A 面板就和另外的面板成组在一起并放置在 C 区域。

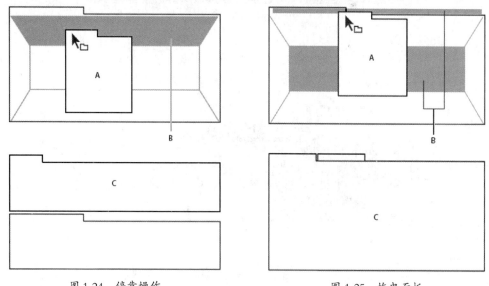

图 1-24　停靠操作　　　　　　　　图 1-25　拖曳面板

在进行停靠或成组操作时，如果只需要移动单个窗口或面板，可以拖曳选项卡左上角的抓手区域，然后将其释放到需要停靠或成组的区域，即可完成停靠或成组操作，如图 1-26 所示。

3．浮动操作

将面板或面板组直接拖曳出当前应用程序窗口之外即可。如果当前应用程序窗口已经最大化，只需将面板或面板组拖曳出应用程序窗口的边界就可以了。

4．调整面板或面板组的尺寸

将光标放置在两个相邻面板或成组面板之间的边界上，当光标变成分隔形状 时，拖曳光标就可以调整相邻面板之间的尺寸，如图 1-27 所示。在图 1-27 中，A 显示的是面板的原始状态，B 显示的是调整面板尺寸后的状态，当光标显示为分隔形状 时，可以对面板左右或上下尺寸进行单独调整；当光标显示为四向箭头形状 时，可以同时调整面板上下和左右的尺寸。

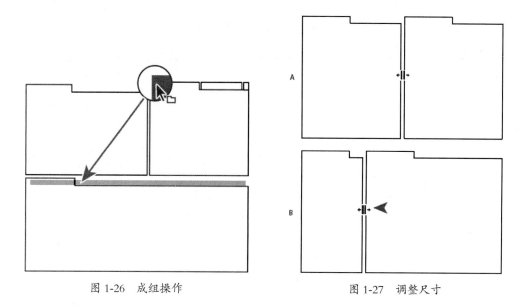

图 1-26 成组操作　　　　　　　图 1-27 调整尺寸

上机实战——自定义快捷键

通过本章的学习，为了让读者巩固本章知识点，下面讲解一个技能综合案例，使大家对本章的知识有更深入的了解。

效果展示

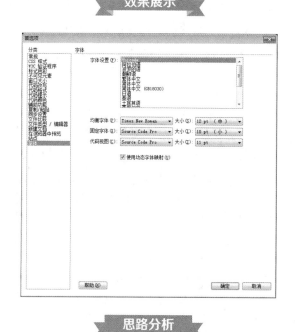

思路分析

使用 Dreamweaver CC 制作网页时，各项操作常常需要在菜单栏中选择相应的命令来完成。如果要节约制作时间，提高制作效率，则可以在 Dreamweaver 中定义各项操作的快捷键。

制作步骤

步骤 01　启动 Dreamweaver CC，执行【编辑】→【快捷键】命令，打开【快捷键】对话框，如图 1-28 所示。

步骤 02　在【命令】列表框中展开【编辑】菜单，选择【首选项】命令，如图 1-29 所示。

图 1-28　【快捷键】对话框

图 1-29　选择【首选项】命令

步骤 03　单击⊞按钮，光标出现在【按键】文本框中，按下任意快捷键，如【Ctrl+8】，完成后单击【更改】按钮，设置的快捷键就会出现在【快捷键】文本框中，如图 1-30 所示。

步骤 04　单击【确定】按钮后，按下快捷键【Ctrl+8】，即可打开【首选项】对话框，如图 1-31 所示。

图 1-30　设置快捷键

图 1-31　【首选项】对话框

步骤05 设置其他操作的快捷键。参照 **步骤01** ～ **步骤04**，设置其他操作的快捷键，此处不再赘述，读者可自行尝试操作。

温馨提示

本例讲述了在Dreamweaver CC中设置操作快捷键的方法，是通过执行【编辑】菜单中的【快捷键】命令来实现的。需要注意的是，要定义某项操作的快捷键，只需在【快捷键】菜单中展开相应的菜单，然后选择具体的命令即可。

同步训练——自定义代码视图

通过上机实战案例的学习，为了增强读者的动手能力，下面安排一个同步训练案例，让读者达到举一反三、触类旁通的学习效果。

图解流程

```
1   <!doctype html>
2   <html>
3   <head>
4   <meta charset="utf-8">
5   <title>無標題文檔</title>
6   </head>
7
8   <body>
9   </body>
10  </html>
```

思路分析

本例主要是在【首选项】对话框中对"代码视图"中代码的字体、字号进行设置，从而更改"代码视图"中代码的显示方式。

关键步骤

步骤 01 执行【编辑】→【首选项】命令，或者按下快捷键【Ctrl+U】，打开【首选项】对话框。在该对话框中选择【分类】列表框中的【字体】选项，如图 1-32 所示。

步骤 02 在【代码视图】下拉列表框中选择代码的显示字体，在其后的【大小】下拉列表框中选择字体的大小，完成后单击【确定】按钮，如图 1-33 所示。

图 1-32 【首选项】对话框

图 1-33 设置【代码视图】中代码的显示方式

步骤 03 在【文档】控制栏中单击 代码 按钮，进入【代码视图】模式，即可看到代码的显示方式改变了，如图 1-34 所示。

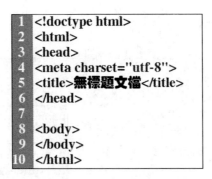
图 1-34 代码视图

知识能力测试

本章讲解了网页设计与 Dreamweaver CC 的基础知识，为了对知识进行巩固和考核，布置以下相应的练习题。

一、填空题

1．HTTP 即_____协议，它是 WWW 服务器使用的主要协议。

2．_____是网络的联系纽带，用户通过它可以在互联网上畅游。

3．如果不需要显示欢迎屏幕，可以勾选欢迎屏幕最下面的_____选项，则再次启动 Dreamweaver CC 时，欢迎屏幕就不会再出现。

二、判断题

1．网页一般分为静态网页和动态网页。　　　　　　　　　　　（　　）

2．超级链接是网络上主机间进行文件传输的用户级协议。　　　（　　）

3．FTP 是网络上主机之间进行文件传输的用户级协议。　　　　（　　）

三、操作题

1．使用 3 种方法打开"首选项"对话框。

2．自定义"代码视图"中代码的显示方式。

CC

DREAMWEAVER

第 2 章
站点的创建与管理操作

站点就是放置网站上所有文件的地方，每个网站都有自己的站点。合理地规划站点，可以使网站结构更清晰，维护起来更方便。本章主要介绍了创建站点的方法，希望读者通过对本章内容的学习，能够了解站点、掌握站点的创建方法。

学习目标

- 认识【文件】面板
- 掌握创建站点的方法
- 掌握管理站点的操作
- 了解网站开发筹备与上传的知识

2.1 【文件】面板简介

下面介绍 Dreamweaver CC 中的【文件】面板。

2.1.1 打开【文件】面板

【文件】面板也叫【站点】面板，包含在【文件】面板组中，默认情况下位于浮动面板停靠区。可执行【窗口】→【文件】命令将其打开。

2.1.2 认识【文件】面板

打开【文件】面板后，结构如图 2-1 所示。

图 2-1 【文件】面板

	在该下拉列表中可以选择已建立的站点，如图 2-2 所示  图 2-2 选择站点列表
❶ 站点名称	

❷ 选择站点视图	在该下拉列表中可以选择站点视图的类型，包括本地视图、远程服务器、测试服务器和存储库视图 4 种类型，如图 2-3 所示 图 2-3　站点视图类型列表
❸ 站点编辑工具	连接到远程服务器 ：连接到远端站点或断开与远端站点的连接 刷新 ：用于刷新本地与远程站点目录列表 从"远程服务器"获取文件 ：将文件从远程站点或测试服务器复制到本地站点 向"远程服务器"上传文件 ：将文件从本地站点复制到远程站点或测试服务器 取出文件 ：将远端服务器中的文件下载到本地站点，此时该文件在服务器上的标记为取出 存回文件 ：将本地文件传输到远端服务器上，并且可供他人编辑，而本地文件为只读属性 与"远程服务器"同步 ：可以同步本地和远程文件夹之间的文件 展开以显示本地和远端站点 ：用于扩展【文件】面板为双视图
❹ 站点目录	显示站点中所有的网页文件、图像及多媒体文件

2.2　创建、导出和导入站点

下面介绍创建站点和导出 / 导入站点的操作。

2.2.1　创建站点

　　在制作网站之前必须创建一个站点，所有的文件夹、资源和特定的文件都包含在站点中。因此，首先在硬盘上建立一个新文件夹作为本地根文件夹，另外还要再创建一个文件夹，用来存放网站中用到的图像与媒体文件。

　　执行【站点】→【新建站点】命令，打开【站点设置对象】对话框，在【站点名称】

文本框中输入站点的名字"网站 1",如图 2-4 所示。在【本地站点文件夹】文本框中输入刚才在 D 盘创建好的"wangzhan"文件夹的路径,如图 2-5 所示。也可以单击后面的文件夹图标📁,进行浏览选择。

图 2-4 站点命名

图 2-5 设置本地站点文件夹

完成所有设置后,单击【保存】按钮,完成站点的建立。这时在【文件】面板中将出现建立好的站点列表,如图 2-6 所示。

图 2-6 新建的站点

> **温馨提示**
> 在硬盘上建立的站点文件夹名称必须是由英文字母构成的,用拼音来命名也可以,但是如果用汉字命名,有可能发生创建的网页不能正确显示的情况。

2.2.2 导出站点

导出站点的操作步骤如下。

步骤 01 执行【站点】→【管理站点】命令,在弹出的【管理站点】对话框中选中需要导出的站点名称,如图 2-7 所示。

步骤 02 单击【导出当前选定的站点】按钮↪,打开【导出站点】对话框,在【文件名】文本框中为导出的站点文件输入一个文件名,完成后单击【保存】按钮,导出站点文件,如图 2-8 所示。

图 2-7　选择站点　　　　　　　　　　图 2-8　输入文件名

2.2.3　导入站点

　　在导入站点之前，必须先从 Dreamweaver 中导出站点，并将站点保存为扩展名为 .ste 的文件。导入站点的操作步骤如下。

　　步骤 01　　执行【站点】→【管理站点】命令，在打开的【管理站点】对话框中单击【导入站点】按钮，如图 2-9 所示。

　　步骤 02　　在打开的【导入站点】对话框中选择需要导入的站点文件，完成后单击【打开】按钮，即可导入站点文件，如图 2-10 所示。

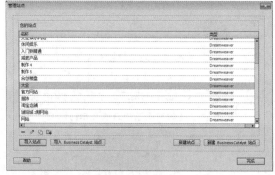

图 2-9　单击【导入站点】按钮　　　　　图 2-10　导入站点文件

2.3　管理站点

　　如果我们对创建的站点有什么不满意的地方，可以随时对它进行编辑操作。

2.3.1　编辑站点

　　如果需要对已创建好的站点进行修改，如修改站点名称、更改站点的位置等，可使用 Dreamweaver CC 的编辑站点功能。编辑站点的具体操作步骤如下。

步骤 01　执行【站点】→【管理站点】命令，在打开的【管理站点】对话框中选择要编辑的站点，然后单击【编辑当前选定的站点】按钮 ，如图 2-11 所示。

步骤 02　在打开的【站点设置对象，网站 1】对话框中可以修改站点的名称、更改站点的位置，完成后单击【保存】按钮即可，如图 2-12 所示。

图 2-11　选择要编辑的站点

图 2-12　修改站点

2.3.2　复制站点

在 Dreamweaver CC 中，如果需要把同一个站点复制两个或更多个，可以直接选择复制站点命令，而不必再麻烦去重新建立一个站点。

复制站点的具体操作步骤如下。

步骤 01　执行【站点】→【管理站点】命令，打开【管理站点】对话框。

步骤 02　选中将要复制的站点，然后单击【复制当前选定的站点】按钮 ，即可复制一个站点，复制的站点会在原名称的后面加上"复制"二字，如图 2-13 所示。

步骤 03　单击【完成】按钮，这样就复制了一个站点，在【文件】面板下显示如图 2-14 所示。

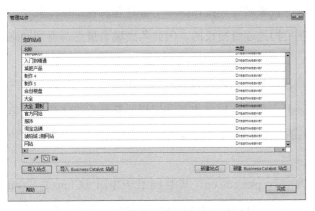

图 2-13　复制当前选定的站点

图 2-14　复制的站点

2.4 网站开发筹备与上传

下面介绍网站开发筹备与上传的知识。

2.4.1 申请域名

在开发一个 Web 站点之前，必须先申请域名和网站空间。只有申请了域名和网站空间，用户制作的网页才能发布到 Internet 上，供他人浏览。

1. 域名的层次结构

Internet 域名具有层次结构，整个 Internet 被划分成几个顶级域，每个顶级域规定了一个通用的顶级域名，如表 2-1 所示。顶级域名采用两种划分模式，分别是"组织模式"和"地理模式"。地理模式的顶级域名采用两个字母缩写形式来表示一个国家或地区，例如，cn 代表中国，us 代表美国，jp 代表日本，uk 代表英国，ca 代表加拿大等。

表 2-1　Internet 顶级域名分配

顶 级 域 名	域 名 类 型
com	商业组织
edu	教育机构
gov	政府部门
int	国际组织
mil	军事部门
net	网络支持中心
org	各种非营利性组织
国家或地区代码	各个国家或地区

Internet 网络信息中心（NIC）将顶级域名的管理授权给指定的管理机构，由各管理机构再为其子域分配二级域名，并将二级域名管理授权给下一级管理机构，依此类推，构成一个域名的层次结构。由于管理机构是逐级授权的，因此各级域名最终都得到网络信息中心的承认。

Internet 的主机域名也采用一种层次结构，从右至左依次为顶级域名、二级域名、三级域名……各级域名之间用点（.）隔开。每一级域名由英文字母、符号和数字构成，总长度不能超过 254 个字符。主机域名的一般格式为"四级域名 . 三级域名 . 二级域名 . 顶级域名"。

如北京大学的 WWW 网站域名为 www.pku.edu.cn，其中 cn 代表中国（China），edu 代表教育（Education），pku 代表北京大学（Peking University），www 代表提供 WWW

信息查询服务。

域名已经成为接入 Internet 的单位在 Internet 上的名称，人们通过域名来查找相关单位的网络地址。由于域名的设计往往和单位、组织的名称有联系，所以和 IP 地址比较起来，记忆和使用都要方便得多。

2. 我国的域名结构

我国的顶级域名 cn 由中国互联网信息中心（CNNIC）负责管理，顶级域 cn 按照组织模式和地理模式被划分为多个二级域名，对应于"组织模式"的域名包括 ac、com、edu、gov、net、org，对应于"地理模式"的是行政区代码，表 2-2 列举了我国二级域名的分配情况。

表 2-2　我国二级域名分配

划分模式	二级域名	分配情况	划分模式	二级域名	分配情况
组织模式	ac	科研机构	地理模式（行政区代码）	jx	江西省
	com	商业组织		sd	山东省
	edu	教育机构		ha	河南省
	gov	政府部门		hb	湖北省
	net	网络支持中心		hn	湖南省
	org	各种非营利性组织		gd	广东省
地理模式（行政区代码）	bj	北京市		gx	广西壮族自治区
	sh	上海市		hi	海南省
	tj	天津市		sc	四川省
	cq	重庆市		gz	贵州省
	he	河北省		yn	云南省
	sx	山西省		xz	西藏自治区
	nm	内蒙古自治区		sn	陕西省
	ln	辽宁省		gs	甘肃省
	jl	吉林省		qh	青海省
	hl	黑龙江省		nx	宁夏回族自治区
	js	江苏省		xj	新疆维吾尔自治区
	zj	浙江省		tw	台湾省
	ah	安徽省		hk	香港特别行政区
	fj	福建省		mo	澳门特别行政区

中国互联网信息中心将二级域名的管理权授予下一级的管理部门进行管理。例如，将二级域名 edu 的管理授权给 CERNET 网络中心，CERNET 网络中心又将 edu 域划分成多个三级域，各大学和教育机构均注册为三级域名。各大学和教育机构可以继续对三级域名按本单位管理需要分成多个四级域，并对四级域名进行分配。

3．为什么要申请注册域名

随着信息时代的来临，电子商务、网上销售、网络广告已成为商界关注的热点。但是，要想在网上建立服务器发布信息，则必须首先注册自己的域名，只有有了自己的域名，才能让别人访问到自己的网站。同时，由于域名具有唯一性，尽早注册又是十分必要的。因此，为了在网上宣传自己的产品和服务，作为有头脑、有远见的企业和个人，应当及时申请注册自己的域名。

4．如何选择好的域名

策划一个成功的网站很不容易，但推广一个网站更困难。在导致网站失败的诸多因素中，一个糟糕的域名往往就注定了这个网站的悲剧命运。因此，注册一个好的域名是至关重要的。在选择域名时，需要注意以下 3 点。

第 1 点：避免难以记忆和过长的域名。事实证明，二级域名超过 12 个字符时将很难被人们记住。即使这个域名是由可拼写的单词组成的，也不应超过此限度，因为较长的单词容易拼写错。

第 2 点：域名中尽量使用常用字符，尽量不要在域名中使用"_""-""～"这样的特殊字符。

第 3 点：域名应该朗朗上口，便于记忆。如果用户看到域名就能够想到公司或个人的形象，则这个域名更佳。

5．申请域名的注意事项

（1）委托公司代理注册的注意事项

如果用户需要委托公司代理注册，需要注意以下 3 点。

第 1 点：考察委托公司的实力和可信度，确认不会因为该公司倒闭而使用户遭受不可估量的损失。

第 2 点：填写申请表时，所申请域名的管理联系人及信箱一定要是自己单位的，否则可能会失去域名的控制权。

第 3 点：代办的 ISP（互联网服务提供商）或 ICP（网络内容服务商）最好有自己的网络，包括 DNS 服务器、网站等，而不是其他网站的虚拟主机用户。

（2）"先申请先注册"的原则

因为 CNNIC 对域名注册采用"先申请先注册"的原则，没有预留服务，所以即使注册者是著名品牌、大公司，其域名一旦被其他公司抢注就没有办法挽回了。

6．申请域名的形式

目前，申请域名有两种形式：一种是收费的；另一种是免费的。实际上，大多数域名是收费的，免费的域名已经越来越少了。

（1）收费域名

提供收费域名的 ISP 很多，如图 2-15 所示的是"美橙互联"网站的收费域名申请页面。域名申请成功后，有的 ISP 还附加提供一定的主页空间，可以直接上传发布的网页。采用收费域名的最大优点是服务有保证，功能比较齐全。

（2）免费域名

免费域名只提供域名，不提供主页空间，因此这种域名实际上只提供一种转向功能，不能真正发布网页。如图 2-16 所示的是"我的酷网"网站的免费域名申请页面。

图 2-15　收费域名 　　　　　　　　　　　　图 2-16　免费域名

7. 申请域名的步骤

（1）查询域名

在申请注册之前，用户必须先检索一下自己选择的域名是否已经被注册，最简单的方式就是上网查询。国际顶级域名可到国际互联网络信息中心（InterNIC）的网站上查询，国内顶级域名可到中国互联网络信息中心（CNNIC）的网站上查询。

例如，用户可以登录到 CNNIC 查询一下自己选择的国内顶级域名，在查询框内输入想要查询的域名，单击【查询】按钮即可，如图 2-17 所示。如果已经被他人注册，将会出现域名、域名注册单位、管理联系人、技术联系人等提示信息。如果没有被他人注册，将会出现"你所查询的信息不存在"的提示信息，这时用户就可以开始注册了。

图 2-17　查询域名

（2）申请注册

用户可以通过两种方式填写注册申请表。

Web 方式：用户可以在 CNNIC 的网站上直接填写域名注册申请表并提交，CNNIC 会对用户提交的申请表进行在线检查，填写完毕后单击【注册】按钮即可。

E-mail 方式：用户也可以从 CNNIC 网站上下载纯文本的域名注册申请表，填好后发送 E-mail 到 hostmaster@cnnic.net.cn 邮箱进行注册。

2.4.2 申请网站空间

申请了域名后，就要申请网站空间了。网站是建立在网络服务器上的一组 Web 文件，它们需要占据一定的硬盘空间，这就是一个网站所需的网站空间。

一个网站需要多少空间呢？这是网站建设者十分关心的问题。以企业网站为例，一个企业网站的基本网页 HTML 文件和网页图片需要 1 ～ 3MB 的空间，产品照片和各种介绍性页面的大小一般为 10MB 左右，另外还需要存放反馈信息和备用文件的空间，再加上一些剩余硬盘空间（否则容易导致数据丢失），一个企业网站总共需要 20 ～ 30MB 的网站空间（即虚拟主机）。

当然，如果用户打算专门从事网络服务，有大量的内容要存放在网站中，就需要更大的空间，此时可以考虑使用专用服务器。

> **温馨提示**
>
> 虚拟主机是在网络服务器上划分出一定的磁盘空间供用户放置站点、应用组件等，提供必要的站点功能、数据存放和传输功能。所谓虚拟主机，也叫"网站空间"，就是把一台运行在互联网上的服务器划分成多个"虚拟"的服务器，每一个虚拟主机都具有独立的域名和完整的 Internet 服务器（支持 WWW、FTP、E-mail 等）功能。虚拟主机极大地促进了网络技术的应用和普及，同时虚拟主机的租用服务也成了网络时代新的经济形式，虚拟主机的租用类似于房屋租用。

1．网站空间的类型

要想建立一个自己的网站，就要选择合适的网站空间，一般可以通过以下几种方式获得网站空间。

第 1 种：购买自己的服务器。

第 2 种：租用专用服务器。

第 3 种：使用虚拟主机。

第 4 种：使用免费网站空间。

综上所述，用户可以根据需要来进行选择。如果用户只想有一个自己的 WWW 网站，那么只要加入一个 ISP 就可以了；如果用户想尝试当网络管理员的乐趣，则可以考虑申请虚拟主机服务，而且现在租用虚拟主机的费用并不高；如果用户想建立很专业的商业网站，最好租用服务器或购买自己的服务器。

2. 如何申请个人网站空间

下面介绍如何申请个人网站空间。

（1）申请个人网站空间的注意事项

申请个人网站空间时，需要注意以下 4 点。

第 1 点：个人网站的页面中不能有黑客、色情、反动、敏感及违反现行国家法律的内容。

第 2 点：如果个人网站空间服务商要求用户将一些代码添加到用户的个人主页源代码中，请务必添加进去，否则服务商会随时停止对用户的服务。

第 3 点：一般用户不要在某个站点同时申请两个以上的个人空间，因为系统可能随时会删除其中一个站点。

第 4 点：页面制作好后，请尽快上传并及时更新，有些系统会定时删除超过规定时间未上传或更新主页者的账号。

（2）申请网站空间的方法

申请主页空间的过程一般大同小异，按照提示即可申请，如图 2-18 所示的是“苏网互联”网站空间申请页面。

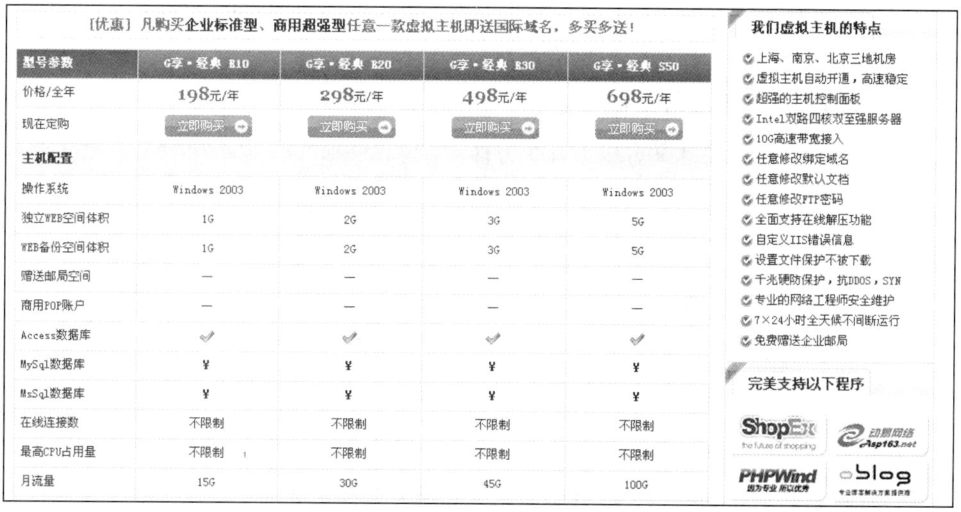

型号参数	G享·经典 B10	G享·经典 B20	G享·经典 B30	G享·经典 S50
价格/全年	198元/年	298元/年	498元/年	698元/年
现在定购	立即购买	立即购买	立即购买	立即购买
主机配置				
操作系统	Windows 2003	Windows 2003	Windows 2003	Windows 2003
独立WEB空间体积	1G	2G	3G	5G
WEB备份空间体积	1G	2G	3G	5G
赠送邮局空间	—	—	—	—
商用POP账户	—	—	—	—
Access数据库	✓	✓	✓	✓
MySql数据库	¥	¥	¥	¥
MsSql数据库	¥	¥	¥	¥
在线连接数	不限制	不限制	不限制	不限制
最高CPU占用量	不限制	不限制	不限制	不限制
月流量	15G	30G	45G	100G

图 2-18 申请主页空间

2.4.3 网站的管理

伴随着网络时代及全球信息化的到来，越来越多的人每天都要访问网站，由此而引发的 Internet 站点内部管理与维护的重要性与日俱增。此外，为了保证网站的正常运行，要求网站管理人员监视网站的运行环境和状态，适时改变和调整网站配置，确保网站的有效性和稳定性。

1．网站的管理问题

在现实情况中，网站普遍存在着各种各样的管理问题，"重建设，轻管理"几乎是IT系统建设的通病。现在大家都可以看到信息化能够给企业带来效益，提升企业的竞争能力，企业也舍得在系统的建设上进行投入，但是对网络管理和系统维护往往不够重视，或者说缺乏管理意识。有些实力较强的企业，自己投资建设网站和Intranet，投资数百万甚至上千万元购置各种品牌的交换器、路由器、服务器、桌面系统等，在建设初期一切都利用得很好，可是当系统建立起来后，却很少再投入资金进行相应的维护，并未使网站发挥应有的效益。

有的企业建设好功能强大的网站后，发现访问量较少，也就不再进行更新，渐渐地网站的访问量趋于零，这就使所有的投资都浪费了。

真正意义上的网站是一种动态的网站，交互性很强，而且其运作具有延续性，这和普通的基础设备投入是完全不同的，它取得的利润和效益来自于功能和科学的管理，而不是硬件设备本身。所以，网站建成后，必须有相应的管理制度和专门的维护人员。

一些网站在建站初期，未能将信息全部组织到位，这种情况是很常见的。关键是要在建站之后，不断对网站进行更新、补充、维护历史资料。如果过了很长一段时期后，内容依然匮乏，没有更多的东西，并且从不更新，甚至链接断层、界面零乱、文件丢缺，只会使建立网站投入的心血和精力付诸东流。

2．网站管理的作用与意义

加强网站管理的重要意义有以下几个方面。

第1个：良好的网站维护和管理可以使站点在数量爆炸的网站海洋中始终保持对客户的吸引力。

第2个：从事电子商务竞争的企业将表现为网站经营的竞争，这就需要网站从内容到形式不断地变化。

第3个：通过网站不断地维护，使网站适应变化的形势，更好地体现出企业文化、企业风格、企业形象及企业的营销策略。

第4个：管理完善的网站会成为沟通企业和用户最为重要的渠道。

第5个：良好的管理可以提高网站的运营质量，降低网站运营成本，并最终使企业的投资得到回报，实现网站建设的初衷。

3．网站管理的原则

网站在运行过程中与其他软件一样，要不断地更新和进行技术改进，包括功能完善、BUG消除等，所以网站管理并不是一件容易的事。例如，在网站管理的过程中，随着网站访问量的增大、数据量的增多，管理工作量也就逐渐加大，此时就得使用一些智能管理技术，基本淘汰手工管理方式。与其他行业一样，网站在网络信息领域同样面临着生存、竞争、淘汰、死亡等问题。只有占有市场、拥有用户、树立形象、善于管理，网站才能生存和发展。

网站管理需要遵循以下原则。

（1）服务优先

网站的服务是网站得以生存的关键所在，任何时候都不可以中止服务。出现故障首先要恢复服务，然后再查找原因，进行分析，解决故障点问题。

（2）维护要有计划和记录

网站维护一般分为两类，一类是有计划的维护，事先根据网站的运行情况和工作需要，考虑维护的各种影响，做维护计划，依计划内容进行维护；另一类是故障维护，当出现故障，恢复服务后，经查找分析原因后进行临时性维护。

网站的服务是持续长久的，没有计划的维护，往往会造成不可预期的后果，从而对用户和网站本身应用产生影响，所以对维护做计划是非常必要的。维护完成后要做好记录，为以后故障查找和应用提供依据。不做记录，将对以后的维护产生严重影响，因为维护产生的错误更有隐蔽性，不易找到产生故障的原因。

（3）用户至上

用户的意见要充分考虑和尊重，网站最终是提供给用户使用的，用户的满意度将决定网站的生命力。很多网站的管理者和建设者经常会臆测用户的想法，自以为是，不与用户做深入沟通，曲解用户意图，所做的规划不能符合需求，从而造成网站使用效率低下，生命力不强，最终被淘汰。

建设和管理好一个网站必须花费大量的时间和精力，并不是一朝一夕就可以完成的。网站的建设者和管理者必须不断在实践和应用中总结经验，勇于探索，不断改进和提升，才能真正使设计的网站受到访问者的青睐。

2.4.4 网站的上传

网页设计好后，必须把它发布到 Internet 上形成真正的网站，否则网站形象仍然不能展现出去。网页一般是通过 FTP 软件连接 Internet 服务器进行上传，FTP 软件很多，常用的有 CuteFTP、LeapFTP 等，也可以使用 Dreamweaver 的站点管理器上传网页。

Dreamweaver 内置了 FTP 上传功能，可以通过 FTP 实现在本地站点和远程站点之间的文件传输。

1．使用 Dreamweaver 上传

执行【窗口】→【文件】命令，打开【文件】面板，选中要上传的站点。单击【连接到远程服务器】按钮 ，打开与远程服务器的连接，然后选择要上传的文件，如图 2-19 所示。执行【站点】→【上传】命令，或单击【文件】面板上的【向"远程服务器"上传文件】按钮 即可。如果选中的文件中引用了其他位置的内容，会出现如图 2-20 所示的消息对话框，提示用户是否要将这些引用内容也上传。单击【是】按钮，将同时上传那些引用的文件；单击【否】按钮，则不上传引用文件。

图 2-19　选择上传的文件　　　　　　　　　　图 2-20　消息对话框

温馨提示　根据连接速度的不同，上传过程可能需要一段时间才能完成。上传的这些文件构成远程站点。若要停止文件传输，单击对话框中的【取消】按钮，但是传输可能不会立即停止。而且在申请或租用虚拟主机的时候，一定要选择支持 FTP 上传的服务器，不然就无法利用 Dreamweaver 的这项功能来上传网站。

2．使用 FTP 软件上传

这里以著名的 FTP 软件 CuteFTP 为例，介绍如何使用工具软件上传站点，具体操作如下。

步骤 01　启动 CuteFTP，单击左上角的【站点管理器】按钮，如图 2-21 所示。

步骤 02　在弹出的【站点管理器】对话框中单击【新建】按钮，如图 2-22 所示。

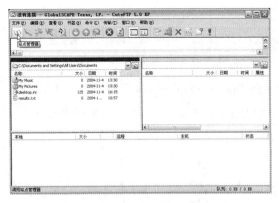

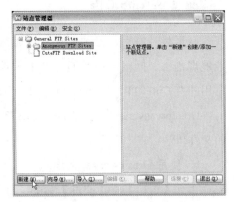

图 2-21　单击【站点管理器】按钮　　　　　图 2-22　单击【新建】按钮

步骤 03　打开【站点设置】对话框，在【站点标签】文本框中为站点命名，以方便管理，比如这里输入"我的网站"。

步骤 04 在【FTP 主机地址】文本框中输入申请空间的 FTP 主机地址。

步骤 05 在【FTP 站点用户名称】文本框中输入申请空间的用户名。

步骤 06 在【FTP 站点密码】文本框中输入申请空间的密码。

步骤 07 在【FTP 站点连接端口】文本框中输入 21，完成后单击【连接】按钮，如图 2-23 所示。

步骤 08 连接完成后将左边【本地硬盘】上的文件拖曳到右边【服务器硬盘】上即可，如图 2-24 所示。

图 2-23　单击【连接】按钮　　　　　图 2-24　拖曳文件

步骤 09 上传完毕后断开【连接】即可，如图 2-25 所示。输入申请的网址，就可以在 Internet 上浏览制作好的网页了。

图 2-25　断开【连接】

2.4.5 网站的日常维护

一个网站的成功并不仅仅取决于网页的美观和它采用的技术，网站的成功发布、细致测试和排错及网站维护与管理才是一个网站成功的关键，这些工作贯穿于网站的生存期。作为网站管理者，只有持之以恒地做好这些工作，才可能获得大量的访问和用户的赞誉，最终创建出成功的网站。

1．网站日常维护的目的

网站维护是一项长期的过程，涉及的内容也远比创建一个网站多。网页制作者和 Web 服务器管理员必须不断学习最新的网络技术，并持之以恒地进行维护工作，才能给用户提供快捷、方便的服务。具体来说，对网站进行日常维护与管理的目的如下。

第 1 个：通过对网站进行的日常维护，及时发现问题，解决网站运行故障，提高网站运行的稳定性。

第 2 个：保证网站系统的安全，不断发现安全隐患，并及时修复以提高网站运行的安全性。

第 3 个：伴随网站系统的运行，网站数据库也随之增加，进行合理的数据库维护，通过优化、压缩数据资源，以提高网站系统的运行效率。

第 4 个：通过对网站进行维护与管理，全面监控网站系统的运行状态，为下一步网站升级积累有用的数据信息。

2．网站日常维护的内容

网站日常维护的内容比较多，这里分别做详细介绍。

（1）进行网站监控管理

监视可以了解网站各方面情况，是一个预防故障的有力手段，可以通过两种方式监控网站的运行状况。

第 1 种：使用"性能监视器"监控操作系统的各项性能指标。

第 2 种：使用"事件查看器"监视操作系统中发生的事件，通过对网络访问事件的监控，发现异常事件，针对异常事件进行及时的处理。

（2）进行网站故障的预防

网站投入运行使用过程中，有时会出现一些故障导致网站不能正常运行，因此故障的诊断和排除对于网络管理员来说很重要，但故障的预防更为重要，因为有效的预防虽然难以杜绝故障的出现，但却可以使故障最大限度地减少。

（3）加强网站安全管理与维护

病毒是系统中比较常见的安全威胁，提供有效的病毒防范措施是网站系统安全的一项重要任务。对于 Web 服务器来说，安装杀毒软件和防火墙并对病毒库进行及时更新是非常必要的。在为 Web 服务器选择病毒库解决方案时，应考虑以下两个方面。

第 1 个：尽可能选择服务器专用版本的防病毒软件，如瑞星杀毒软件网络版。

第 2 个：注意网络病毒的实时预防和查杀功能。

（4）网站备份

为了保证网站的运行稳定，在网站管理和维护阶段，就要做好围绕网站系统的各项数据的备份工作，包括"网站信息备份"和"数据库备份"。

2.4.6 网站的推广

网站推广的最终目的是让更多的浏览者知道网站位置、网站服务等信息。网站推广可以采用传统的广告、企业形象系统去宣传，也可以通过网络技术的方式（比如链接、网络广告等）去宣传。

1．传统方式

传统的宣传方式通常包括电视、书刊、报纸、户外广告及其他印刷品等大众传媒。

（1）电视

目前，电视还是比较有效的广告媒体，在电视中做广告一般都能够达到家喻户晓的效果（尤其是在一些主流电视媒体做广告）。但是对于个人网站而言，这种方法就不太适合。

（2）报刊杂志

报刊杂志是仅次于电视的第二大传统媒体，也是使用传统方式宣传网站的最佳选择之一，很多商业网站都会选择在报纸上面做宣传广告。

（3）户外广告

在一些繁华、人流量大的地方的广告牌上做广告也是比较好的宣传方式，大家在城市的购物中心、公交站台、地铁站经常可以看到一些大型电子商务网站发布的广告，比如京东商城、淘宝网等。

（4）其他印刷品

公司信笺、名片及礼品包装都应该印上网址名称，以便让客户看到并记住网址。

2．网络推广

网络推广就是利用互联网进行宣传推广活动，它也是一种很重要的网站推广方式。

（1）网络广告

网络广告具有很强的针对性，它的对象是网民，因此使用网络广告不失为一种较好的方式，在选择网站做广告的时候需要注意以下两点。

第1点：选择访问率高的门户网站，只有这样才能达到让更多人知道的效果。

第2点：优秀的广告创意是吸引浏览者的重要方式，要想唤起浏览者打开的欲望，就必须给浏览者单击图标的理由。因此图形的整体设计、色彩和图形的动态设计及与网页的搭配等都是极其重要的。

（2）电子邮件

发送邮件也是网站推广的重要方法，但前提是发送的邮件不要被别人认为是垃圾邮件。这就要考虑邮件列表的建立问题，一种方法是靠自己日积月累的整理收集；另一种方法是租用目标客户邮件列表或者找一些免费邮件列表。

（3）使用论坛

如果用户经常访问论坛，或许可以看到很多用户在签名处都留下了他们的网址，这也是网站推广的一种方法。还有就是到淘宝购物网站和阿里巴巴等商贸站点上发布用户的产品和服务信息。

（4）友情链接

对于个人网站来说，友情链接也是一个比较好的方式。与访问量大的、优秀的个人主页相互交换链接可以大大地提高主页的访问量，这个方法比参加广告交换组织要有效得多,起码可以选择将广告放到哪个主页,能选择与那些访问率较高的主页建立友情链接,这样访问你的主页的朋友肯定会多起来。

友情链接是相互建立的,想要别人加上自己的链接,那么自己也应该在网页上放置对方的链接并适当地做出推荐,这样才能吸引更多的人与你共建链接。此外,网站标志要制作得漂亮、醒目一些,要让人一看就有兴趣打开。

3. 注册到搜索引擎

在网络世界里,除了用比较传统的推广方式,让客户通过网络广告或其他方式找到我们的网站,其实还有其他更好的方式。那就是让客户主动找到我们,怎么做呢?最好的方法就是使用搜索引擎。

搜索一般有两种:一种是对数据库中关键字的搜索;另一种是对网页 META 关键字的搜索。如果想让大型网站搜索到自己的网页,最好的方法就是到该网站去注册,让自己的网页信息在该网站的数据库中占有一席之地。

国外的雅虎(http://www.yahoo.com),国内的新浪(http://www.sina.com.cn)、搜狐(http://www.sohu.com)、百度(http://www.baidu.com)及网易(http://www.163.com)等都是非常优秀的搜索引擎,可以到这些网站上去注册。

在注册时需要注意下面两个问题。

第 1 个:提交含有文件名的 URL,而不是仅仅提交根网址。

第 2 个:如果被搜索的名次比较靠后,那么就很难被访问到。这里需要提醒的是,一定要把握 Keywords(关键字)和 Description(简介)。要尽可能地让网页名词靠前,最好能在搜索结果页的首页中。

搜索引擎登记是提高网站访问量比较有效的方法。世界上的网站数量多得惊人,它的作用就是帮助人们找到自己希望浏览的网站,并且它按照传统的方式分类,非常方便。一般新建的网站的访问量基本上都是从搜索引擎中来的。

可以在各类搜索引擎中登记自己的网站,很多搜索引擎登记得很详细,甚至单个网页也可以登记。假如有时间和精力,登记得越多,被人知道的可能性就越大;如果没有时间,那就应该尽量地把首页和主要的栏目登记在尽可能多的搜索引擎上。甚至可以使用登记软件一次性地登记,它会自动地将要登记的信息一次性地登记到各个搜索引擎中去。

在登记的时候要注意关键词的使用。如果在网站介绍中加入了热门关键词,那么被人们选中的机会就会大大增加。在制作网页时,若标题中含有关键词,那么被选中的机会也会大大地增加。

(1)手工注册搜索引擎

登录到要注册的搜索引擎网站,在站点上一般都有登记新网站的链接,单击链接,然后在提示下输入自己网站的相关信息就可以了。

（2）利用搜索引擎注册工具注册

利用搜索引擎注册工具进行注册可以将用户的注册请求同时提交到几个、几十个、几百个甚至上千个搜索引擎网站上，这样就可以大大减少用户的工作量，提高注册效率。

（3）到注册网站注册

这类网站提供的功能和搜索引擎注册工具类似，用户只需填入网站的相关资料，单击"提交"按钮，该网站就会自动将注册信息提交到几十个甚至上百个搜索引擎上去。

（4）利用 META 设置

除了在大型网站的数据库中注册外，还要注意网页中的 META。所谓 META，是指 HTML 语言 Head 区的一个辅助性标签，比如下面这段代码。

```
<head>
<META http-equiv="Content-Type" content="text/HTML charset=
gb2312" >
</head>
```

META 标识符用于记录当前页面的一些重要信息，它的内容可以被网页搜索引擎访问。下面列举的是各种类型的 META 设置，其中的示例代码可以根据需要替换。

```
允许搜索机器人搜索站内所有链接: <meta content="all" name="robots" />。
设置站点作者信息: <meta name="author" content=123456@163.com,
匿名 />。
设置站点版权信息: <meta name="copyright" content="www.123.
com, 转载需作者同意 " />。
站点的简要介绍: <meta name="description" content=" 大量精美图
片下载 "/>。
与站点相关的关键词: <meta content="designing,with,web,standa
rds,xhtml,css,graphic" name="111" />。
```

课堂问答

通过本章的讲解，读者对站点有了一定的了解，下面列出一些常见的问题供学习参考。

问题 ❶: 如何方便快捷地打开【站点】面板?

答：按下键盘上的【F8】键能快速地打开【站点】面板。

问题 ❷: 在创建站点时，如果没有指明本地根文件夹会怎样?

答：如果没有指明本地根文件夹，Dreamweaver 会默认把站点文件存储在系统上的"我的文档"中。建议不要使用默认设置，如果用户的计算机操作系统出现问题需要重装，而又忘记备份网站文件的话，那么就可能导致文件丢失。

问题 ❸: 如何规划站点?

答：一般来说，在规划站点时，应遵循以下规则。

1．文档分类保存

如果是一个复杂的站点，它包含的文件会很多，而且各类型的文件在内容上也会不尽相同。为了能合理地管理文件，需要将文件分门别类地存放在相应的文件夹中。如果将所有网页文件都存放在一个文件夹中，当站点的规模越来越大时，管理起来就会非常困难。

用文件夹来合理构建文档的结构时，应该先为站点在本地磁盘上创建一个根文件夹。在此文件夹中，再分别创建多个子文件夹，如网页文件夹、媒体文件夹和图像文件夹等。再将相应的文件放在相应的文件夹中。而站点中的一些特殊文件，如模板、库等最好存放在系统默认创建的文件夹中。

2．合理命名文件名称

为了方便管理，文件夹和文件的名称必须用文字描述清楚，特别是在网站的规模变得很大时，文件名容易理解的话，人们一看就明白网页描述的内容。否则，随着站点中文件的增多，不易理解的文件名会影响工作的效率。

应该尽量避免使用中文文件名，因为很多的 Internet 服务器使用的是英文操作系统，不能对中文文件名提供很好的支持，但是可以使用汉语拼音。

3．本地站点与远程站点结构统一

在设置本地站点时，应该将本地站点与远程站点的结构设计保持一致。将本地站点上的文件上传到服务器上时，可以保证本地站点是远程站点的完整复制，以避免出错，也便于对远程站点进行调试与管理。

上机实战——管理站点

通过本章的学习，为了让读者能巩固本章知识点，下面讲解一个技能综合案例，使大家对本章的知识有更深入的了解。

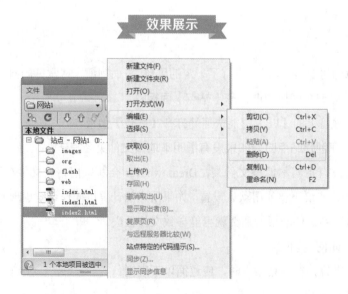

每个站点都有自己的文件及分类文件夹，在建立站点后，一般需要在站点中创建图像文件夹、数据文件夹、网页文件夹、Flash 文件夹，如果是音乐网站，还需要创建音乐文件夹。总之，站点中的文件夹是为了分类管理站点中的内容而建立的。

制作步骤

步骤 01 在 Dreamweaver CC 中打开【文件】面板，在【站点】下拉列表中选择【网站 1】，使该站点为当前站点。

步骤 02 在【网站 1】根目录上单击鼠标右键，在弹出的快捷菜单中选择【新建文件夹】命令，如图 2-26 所示。并将新建的文件夹更名为 org，如图 2-27 所示。

图 2-26 新建文件夹

图 2-27 重命名文件夹

步骤 03 按照同样的方法，分别新建 flash 文件夹（flash），内页文件夹（web），如图 2-28 所示。

步骤 04 在【网站 1】根目录上单击鼠标右键，在弹出的快捷菜单中选择【新建文件】命令，然后将文件更名为 index.html，如图 2-29 所示。

图 2-28 继续新建文件夹

图 2-29 新建文件

步骤 05 按照同样的方法，新建两个网页文件，并更名为 index1.html 与 index2.html，如图 2-30 所示。

步骤 06 选中 index2.html，单击鼠标右键，在弹出的快捷菜单中选择【编辑】→【删除】命令，如图 2-31 所示，即可将该文件从站点中删除。

图 2-30　继续新建文件　　　　　　　　　　图 2-31　删除文件

温馨提示

　　通过本例的制作，使读者熟练掌握网页文档的管理方法。在创建站点的过程中，要合理安排站点中的各个文件夹与文件，文件夹和文件的名称最好要有具体的含义。这点非常重要，特别是在网站的规模变得很大时，文件名容易理解的话，人们一看就明白网页描述的内容。否则，随着站点中文件的增多，不易理解的文件名会影响工作的效率。

同步训练——删除与切换站点

　　通过上机实战案例的学习，为了增强读者动手能力，下面安排一个同步训练案例，让读者达到举一反三、触类旁通的学习效果。

图解流程

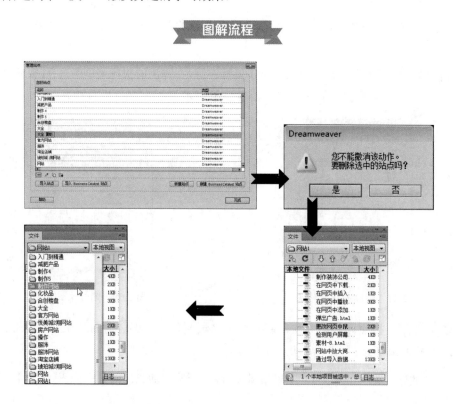

如果我们觉得站点已经没有用了，可以将其删除，这需要在【管理站点】对话框中操作。使用 Dreamweaver CC 编辑网页或者进行网站管理时，每次只能操作一个站点。如果需要切换站点，这就需要在【文件】面板中进行编辑。

关键步骤

步骤 01 执行【站点】→【管理站点】命令，弹出【管理站点】对话框，选择要删除的站点，然后单击【删除当前选定的站点】按钮 ➖，如图 2-32 所示。

步骤 02 在弹出的 Dreamweaver 对话框中单击【是】按钮，如图 2-33 所示。返回【管理站点】对话框中，单击【完成】按钮，这样站点就被删除了。

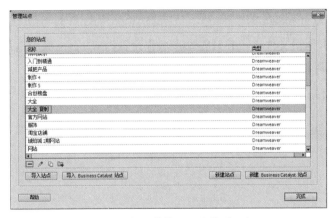

图 2-32　打开【管理站点】对话框　　　　图 2-33　单击【是】按钮

步骤 03 执行【窗口】→【文件】命令打开【文件】面板，如图 2-34 所示。

步骤 04 在【文件】面板左边的下拉列表中选择已经创建的站点，就能切换到所选择的站点，如图 2-35 所示。

图 2-34　【文件】面板　　　　　　　图 2-35　切换站点

知识能力测试

本章讲解了站点的基本操作，为了对知识进行巩固和考核，布置以下相应的练习题。

一、填空题

1. 在 Dreamweaver CC 中，打开【文件】面板的快捷键是（　　　）。

2. 要在互联网上看到自己在本地站点上创建的网页，必须将本地站点上传到（　　　）。

二、判断题

1. 为站点文件命名时，可以使用汉语拼音，但不能使用汉字。（　　）

2. 为了方便管理，站点文件夹和文件的名称最好要有具体的含义。（　　）

3. 在 Dreamweaver 中不能导出站点。（　　）

三、操作题

1. 在 D 盘上创建一个名为 zhandian 的文件夹，然后按照新建站点的方法在 Dreamweaver CC 中将它定义为本地根文件夹，并且将站点名称设置为 wangzhan，最后在站点中创建一个网页文件 index1.html。

2. 创建一个站点并重新定义站点的名称，然后复制该站点。

CC
DREAMWEAVER

第 3 章
网页内容的基本编辑操作

本章主要向读者介绍了使用 Dreamweaver CC 创建网页基本对象的方法。希望读者通过对本章内容的学习，能够掌握网页的创建和保存、插入日期与水平线、添加文本、插入项目列表和编号列表等知识。

学习目标

- 掌握网页创建和保存的方法
- 掌握网页打开和关闭的方法
- 掌握插入水平线与特殊符号的方法
- 掌握添加网页文本的方法
- 掌握标尺和网格的使用
- 掌握插入项目列表与编号列表的操作

3.1 网页的创建与保存

在使用 Dreamweaver CC 制作网页之前，我们先来介绍一下网页的创建和存储的基本操作。

3.1.1 创建网页

执行【文件】→【新建】命令，如图 3-1 所示，打开【新建文档】对话框。选择左侧的【空白页】选项，在【页面类型】列表框中选择【HTML】选项，然后在【布局】列表框中选择【＜无＞】选项，最后单击【创建】按钮即可，如图 3-2 所示。

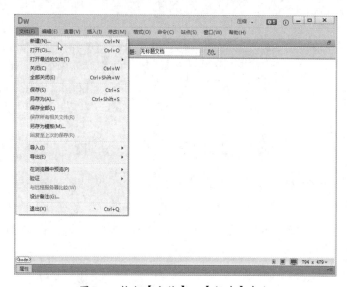

图 3-1 执行【文件】→【新建】命令

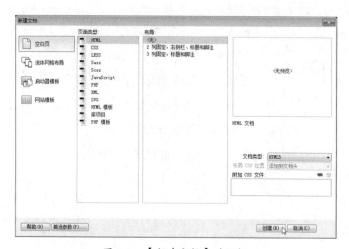

图 3-2 【新建文档】对话框

3.1.2 保存网页

编辑好的网页需要将其保存起来，执行【文件】→【保存】命令，打开【另存为】对话框，在【保存在】下拉列表中选择文件保存的位置，在【文件名】文本框中输入保存文件的名称，如图 3-3 所示，完成设置后单击【保存】按钮。

图 3-3 【另存为】对话框

也可以直接在文档工具栏上方选中需要保存的网页文档标签，然后单击鼠标右键，在弹出的快捷菜单中选择【保存】命令，如图 3-4 所示。

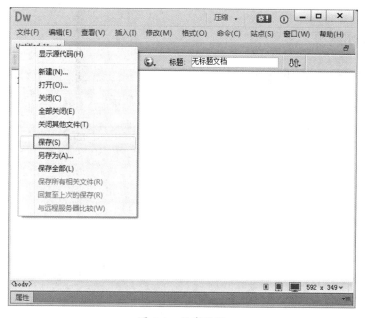

图 3-4 保存网页

网页的打开与关闭

下面向大家介绍网页的打开与关闭的基本操作。

3.2.1 打开网页

要打开计算机中存有的网页文件，执行【文件】→【打开】命令，在弹出的对话框中选择需要打开的文件。选定后单击【打开】按钮，即可打开此文件，如图3-5所示。

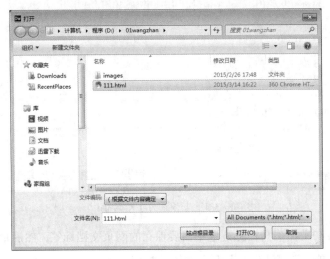

图 3-5 【打开】对话框

3.2.2 关闭网页

关闭网页可执行下列操作之一。

① 单击文档窗口上方的关闭网页按钮，如图3-6所示。

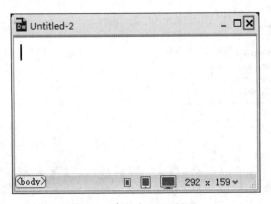

图 3-6 单击关闭网页按钮

② 直接在文档工具栏上方选中需要关闭的网页文档，然后单击鼠标右键，在弹出的菜单中选择【关闭】命令，如图 3-7 所示。如果选择【全部关闭】命令，则关闭所有网页。

图 3-7　关闭网页

③ 执行【文件】→【关闭】命令，如图 3-8 所示，或者按下快捷键【Ctrl+W】，都能关闭网页。

图 3-8　执行【文件】→【关闭】命令

3.3 插入水平线与特殊符号

下面介绍在网页中插入水平线与特殊符号的方法。

3.3.1 插入水平线

水平线可以使信息看起来更清晰，在页面上，可以使用一条或多条水平线以可视方式分隔文本和对象。

将光标放到要插入水平线的位置，然后在【插入】面板中选择【常用】对象，单击 水平线 按钮，或者执行【插入】→【水平线】命令，便会在文档窗口中直接插入一条水平线，如图3-9所示。

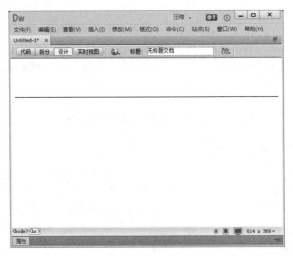

图 3-9　插入水平线

通过水平线的【属性】面板可以设置水平线的高度、宽度及对齐方式。选定水平线，【属性】面板如图3-10所示，可以在其中修改水平线的属性。

图 3-10　水平线【属性】面板

❶ 水平线	在文本框中输入水平线的名称
❷ 宽、高	指定水平线的宽度和高度
❸ 像素	以像素为单位或以页面尺寸百分比的形式指定水平线的宽度和高度

④ 对齐	指定水平线的对齐方式，包括【默认】、【左对齐】、【居中对齐】和【右对齐】4个选项。只有当水平线的宽度小于浏览器窗口的宽度时，该设置才适用
⑤ 阴影	指定绘制水平线时是否带阴影。取消选择此复选框将使用纯色绘制水平线

3.3.2 插入特殊符号

在网页中常常会用到一些特殊符号，如注册符 ®、版权符 ©、商标符™等，这些特殊符号是不能直接通过键盘输入到 Dreamweaver 中的。

执行【窗口】→【插入】命令，打开【插入】面板，单击【特殊】字符按钮，在弹出的菜单中选择要插入的特殊字符即可，如图 3-11 所示。如果在菜单中不能找到需要的特殊字符，可以选择【其他字符】命令，打开如图 3-12 所示的【插入其他字符】对话框，在其中选择要插入的字符后单击【确定】按钮即可。

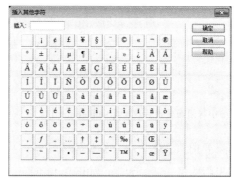

图 3-11 【特殊字符】子菜单   图 3-12 插入其他字符

需要注意的是，在图 3-11 所示的子菜单上面有两个命令，分别用于插入换行符和不换行空格。这两个命令在录入和编辑文本时非常有用。如按【Shift+Return（Enter）】组合键插入一个换行符，相当于在文档中插入一个
 标签；按【Ctrl+Shift+Space（空格）】组合键插入一个不换行空格，相当于在文档中插入一个 " " 标记，该标记即在文档中产生一个空格。

3.4 添加网页文本

添加网页文本时可以直接在文档窗口中输入文本内容，也可以调用外部应用程序中的文本。外部程序中的文本主要通过拷贝、导入的形式进行添加。

3.4.1 直接在网页窗口中输入文本

将光标放置到文档窗口中要插入文本的位置，然后直接输入文本，如图 3-13 所示。

在输入文字时，如果需要分段换行则按下【Enter】键。Dreamweaver 不允许输入多个连续的空格，需要先选中【首选项】对话框中的【允许多个连续的空格】复选框，或者将输入法设为全角状态，才能输入多个连续的空格。

图 3-13　输入文字

温馨提示　缩小行间距使用快捷键【Shift+Enter】，这样可将行间距变为分段行间距的一半。

如果要调整文本大小，则先输入文本，再选定文本，在【属性】面板上的【大小】下拉列表中选择合适的大小，如图 3-14 所示。

图 3-14　调整字体大小

如果需要改变文本字体，则先选定文本，再在【属性】面板上的【字体】下拉列表中选择字体样式，如图 3-15 所示。

如果【字体】下拉列表中没有需要的字体，则选择【管理字体】选项，打开【管理字体】对话框，如图 3-16 所示。在【可用字体】列表框中选择需要的字体，然后单击 << 按钮，把选择的字体导入【选择的字体】列表框，最后单击【完成】按钮，此时【字体】下拉列表中将包括添加的新字体。

图 3-15　选择字体　　　　　　　　　图 3-16　【管理字体】对话框

3.4.2　复制粘贴外部文本

打开其他应用程序，复制文本后，在 Dreamweaver CC 中将光标移到要插入文本的位置，然后执行【编辑】→【粘贴】命令，就能完成文本的插入。粘贴后的文本不保留在其他应用程序中的文本格式，但保留换行符。

> **温馨提示**
>
> 如果要应用其他程序中的段落、表格或加粗等格式，可执行【编辑】→【选择性粘贴】命令，打开【选择性粘贴】对话框，如图 3-17 所示，在【粘贴为】栏中可选择需要粘贴的格式。
>
>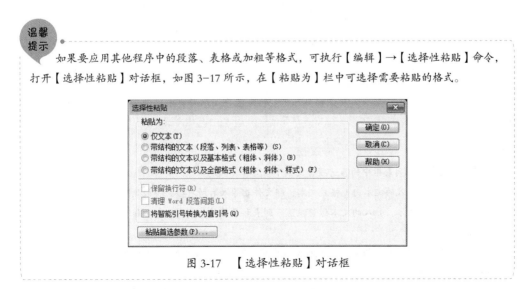
>
> 图 3-17　【选择性粘贴】对话框

课堂范例——导入 Word 中的文本到网页中

步骤 01 打开 Dreamweaver CC，然后执行【文件】→【导入】→【Word 文档】命令，打开【导入 Word 文档】对话框，如图 3-18 所示。

步骤 02 从计算机中找到要导入的 Word 文档"网盘 \ 素材文件 \ 第 3 章 \111.doc"并选中，然后在【格式化】下拉列表框中选择要导入文件的保留格式，如图 3-19 所示。

图 3-18　【导入 Word 文档】对话框　　　　　　　图 3-19　选择文件

步骤 03 单击【打开】按钮即可将 Word 文档内容导入到网页中，如图 3-20 所示。

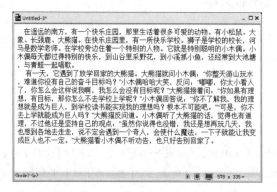

图 3-20　将 Word 文档内容导入到网页中

温馨提示

【格式化】下拉列表框中的各选项含义如下。

- 仅文本：导入的文本为无格式文本，即文件在导入时所有格式将被删除。
- 带结构的文本：导入的文本保留段落、列表和表格结构格式，但不保留粗体、斜体和其他格式设置。
- 文本、结构、基本格式：导入的文本具有结构并带有简单的 HTML 格式，如段落和表格及带有 b、i、u、strong、em、hr、abbr 或 acronym 标签的格式文本。
- 文本、结构、全部格式：导入的文本保留所有结构、HTML 格式设置和 CSS 样式。

3.5　标尺和网格的使用

标尺和网格是用来在【文档】窗口的【设计】视图中对元素进行绘制、定位或调整大小的可视化向导。

标尺可以显示在页面的左边框和上边框中，以像素、英寸或厘米为单位来标记。网格可以让页面元素在移动时自动靠齐到网格，还可以通过指定网格设置更改网格或控制靠齐行为。无论网格是否可见，都可以使用靠齐。

3.5.1　在网页中使用标尺

标尺显示在文档窗口中页面的左方和上方，它的单位有像素、英尺和厘米 3 种。默认情况下标尺使用的单位是像素。

使用标尺的操作步骤如下。

步骤 01　执行【查看】→【标尺】→【显示】命令，将会在文档窗口中显示出标尺，如图 3-21 所示。

图 3-21　显示标尺

步骤 02　执行【查看】→【标尺】→【英寸】命令，可以将标尺的单位换成英寸，如图 3-22 所示。

图 3-22　将标尺的单位换成英寸

步骤 03 如果不再需要使用标尺，则执行【查看】→【标尺】命令，在弹出的快捷菜单中单击【显示】项前面的【√】符号，如图 3-23 所示，将不再显示标尺。

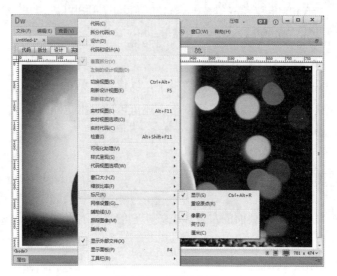

图 3-23 不显示标尺

3.5.2 在网页中使用网格

使用网格会使页面布局更加方便。使用网格的操作步骤如下。

步骤 01 执行【查看】→【网格设置】→【显示网格】命令，将会在文档窗口中显示出网格，如图 3-24 所示。

图 3-24 显示网格

步骤 02 执行【查看】→【网格设置】→【网格设置】命令，打开如图 3-25 所示的对话框。

步骤 03　单击【颜色】框右下角的小三角图标，在弹出的调色板上选择红色。

步骤 04　选中【显示网格】复选框，使网格在【设计】视图中可见。

步骤 05　在【间隔】文本框中输入数字 50 并从右侧的下拉列表中选择【像素】，使网格线之间的距离为 50 像素。

步骤 06　在【显示】区域中选择【线】单选按钮，设置完成后单击【确定】按钮，网格显示如图 3-26 所示。

图 3-25　【网格设置】对话框　　　　图 3-26　设置后的网格

温馨提示

如果未选择【显示网格】复选框，将不会显示网格，并且看不到更改。

步骤 07　如果不再需要使用网格，则执行【查看】→【网格设置】命令，在弹出的快捷菜单中单击【显示网格】项前面的【√】符号，将不再显示网格。

3.6　项目列表与编号列表

在网页上插入文本列表可以使文本内容显得更加工整直观。Dreamweaver CC 中有两种类型的列表：项目列表和编号列表。

3.6.1　插入项目列表

插入项目列表的具体操作步骤如下。

步骤 01　在文档中输入文本，然后用鼠标选定要插入项目列表的文本内容，如

图 3-27 所示。

步骤 02 打开【插入】面板，然后将其切换到插入【结构】对象，单击【项目列表】按钮 ul 项目列表 ，如图 3-28 所示。

图 3-27 选定插入项目列表的内容 　　　　图 3-28 单击【项目列表】按钮

步骤 03 这样就能在选定的文本前面添加项目列表，如图 3-29 所示。

图 3-29 添加项目列表效果

温馨提示 在【属性】面板中单击【项目列表】按钮，也能为文本添加项目列表。

3.6.2 插入编号列表

编号列表可以对内容进行有序的排列。在文档窗口中选定要插入编号列表的内容，然后单击【结构】对象中的【编号列表】按钮 ol 编号列表 ，或者在【属性】面板上单击【编号列表】按钮，即可插入编号列表，插入编号列表后的效果如图 3-30 所示。

在网页文档中选中已有列表的其中一项，执行【格式】→【列表】→【属性】命令，弹出【列表属性】对话框，如图 3-31 所示，在该对话框中可以对列表进行更深入的设置。

图 3-30　添加编号列表效果

图 3-31　【列表属性】对话框

❶ 列表类型	在该选项的下拉列表中提供了【编号列表】、【项目列表】、【目录列表】和【菜单列表】4 个选项，如图 3-32 所示。可以改变选中列表的列表类型，其中【目录列表】类型和【菜单列表】类型只在较低版本的浏览器中起作用，在目前能用的高版本浏览器中已失去效果　　　　　　图 3-32　列表类型选项
❷ 样式	在该选项的下拉列表中可以选择列表的样式。如果在【列表类型】下拉列表中选择【项目列表】，则【样式】下拉列表框中共有 3 个选项，分别为【默认】、【项目符号】和【正方形】，如图 3-33 所示，它们用来设置项目列表里每行开头的列表标志，如图 3-34 所示的是以正方形作为项目列表的标志 图 3-33　【样式】下拉列表　　图 3-34　正方形作为项目列表的标志
❸ 开始计数	如果在【列表类型】下拉列表中选择【编号列表】选项，则该选项可用，可以在该选项后的文本框中输入一个数字，指定编号列表从几开始，如图 3-35 所示。设置【开始计数】选项后，编号列表的效果如图 3-36 所示 图 3-35　选择【编号列表】选项　　图 3-36　编号列表的效果
❹ 新建样式	该下拉列表与【样式】下拉列表的选项相同，如果在该下拉列表中选择一个列表样式，则在该页面中创建列表时，将自动运用该样式
❺ 重设计数	该选项的使用方法与【开始计数】选项的使用方法相同，如果在该选项中设置一个值，则在该页面创建的编号列表中，将从设置的数开始有序排列列表

温馨
提示

默认的列表标志是项目符号，也就是圆点。在【样式】下拉列表框中选择【默认】或【项目符号】，都将设置列表标志为项目符号。如果在【列表类型】下拉列表中选择【编号列表】，则【样式】下拉列表框中有6个选项，分别为【默认】、【数字】、【小写罗马字母】、【大写罗马字母】、【小写字母】和【大写字母】，如图3-37所示，这是用来设置编号列表里每行开头的编辑符号，如图3-38所示的是以小写罗马字母作为编号符号的有序列表。

i. 视频网站
ii. 购物网站
iii. 新闻网站
iv. 游戏网站
v. 音乐网站
vi. 财经网站

图 3-37 【列表类型】下拉列表　　　图 3-38 以小写罗马字母作为编号符号的有序列表

课堂问答

通过本章的讲解，读者对网页内容的编辑操作有了一定的了解，下面列出一些常见的问题供学习参考。

问题❶：如何在制作网页的过程中快速显示辅助线？

答：辅助线通常与标尺配合使用，通过文档中的辅助线与标尺的对应，使用户更精确地对文档中的网页对象进行调整和定位。

执行【查看】→【辅助线】→【显示辅助线】命令，使辅助线呈可显示状态，然后在文档上方的标尺中向文档中拖曳鼠标，即可创建出文档的辅助线。

问题❷：有哪些影响文字版式的因素？

答：文字版式是由字体、字号、字间距、行间距和段间距属性来决定的。因此要排版好网页中的文字，就需要考虑采用什么字体来适用页面、多大字号适合正文内容、多大字号适合标题、行距要多大才协调等。即使网页的效果设计得再漂亮，文字版式处理不好，也让人感觉不舒服。

文本过大或过小都会影响版面效果，一般以 12~14 像素大小为宜；行间距一般在 18 像素左右；标题字号相对正文大 1~2 个字号。

如果一页中有太多的文本，可以将文本分为两栏或三栏排列，使页面显得有条理。如果一个页面是由多个标题项构成的，可以用线条或图案分隔各标题及对应的内容，使内容清晰易读。

问题❸：如何快速地关闭所有的网页？

答：按快捷键【Ctrl+Shift+W】能快速地关闭全部的网页，而不用在 Dreamweaver 中一个个地去关闭。

上机实战——制作公司业务网页

通过本章的学习，为了让读者能巩固本章知识点，下面讲解一个技能综合案例，使大家对本章的知识有更深入的了解。

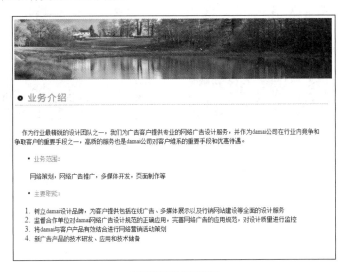

思路分析

公司业务介绍方面的网页因为信息较多，需要使用项目列表与编号列表使信息更加有序、直观，以使浏览者在浏览时不费力。首先要在网页文档中插入图像和输入文本，然后综合使用项目列表与编号列表来进行制作。

制作步骤

步骤 01　新建一个网页文件，然后执行【插入】→【图像】→【图像】命令，打开【选择图像源文件】对话框，在对话框中选择本例的素材图像（网盘＼素材文件＼第3章＼yw1.jpg），如图3-39所示。

步骤 02　完成后单击【确定】按钮，在网页中插入一幅图像，如图3-40所示。

图3-39　选择图像

图3-40　插入图像

步骤 03 将光标放置于图像之后，按快捷键【Shift+Enter】强制换行，然后在文档中插入一幅图像（网盘\素材文件\第 3 章\yw2.jpg），如图 3-41 所示。

步骤 04 将光标放置于插入的图像之后，按快捷键【Shift+Enter】强制换行，然后在文档中输入文本，在【属性】面板中将文本大小设置为 12，如图 3-42 所示。

图 3-41　插入文字 1　　　　　　　　　　图 3-42　插入文字 2

步骤 05 在文字后按【Enter】键换行，在文档中输入文本【业务范围：】，并在【属性】面板上将文本大小设置为 12，颜色设置为橙黄色（#FF3300），如图 3-43 所示。

步骤 06 在文字后按【Enter】键换行，继续在文档中输入文本【主要职能：】，并在【属性】面板上将文本大小设置为 12，颜色设置为橙黄色（#FF3300），如图 3-44 所示。

图 3-43　插入文字 3　　　　　　　　　　图 3-44　插入文字 4

步骤 07 选中文本【业务范围：】与【主要职能：】，然后在【插入】面板中选择【结构】对象，接着单击其中的【项目列表】按钮 ，为文本添加项目列表，如图 3-45 所示。

步骤 08　将光标放置于第 1 个项目列表之后，先按两次【Enter】键换行，然后按 8 次空格键，接着在文档中输入文本。在【属性】面板中将文本大小设置为 12，颜色设置为黑色，如图 3-46 所示。

图 3-45　添加项目列表

图 3-46　插入文本 5

步骤 09　将光标放置于第 2 个项目列表之后，先按两次【Enter】键换行，然后按 8 次空格键，接着在文档中输入文本。在【属性】面板中将文本大小设置为 12，如图 3-47 所示。

步骤 10　选中刚输入的文本，然后在【插入】面板中选择【结构】对象，接着单击其中的【编号列表】按钮 ，为文本添加编号列表，如图 3-48 所示。

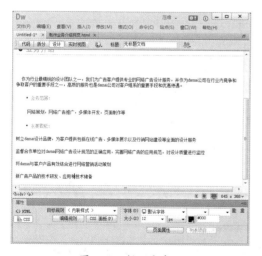

图 3-47　插入文本 6

图 3-48　为文本添加编号列表

步骤 11　执行【文件】→【保存】命令，将文件保存，然后按下【F12】键浏览网页，如图 3-49 所示。

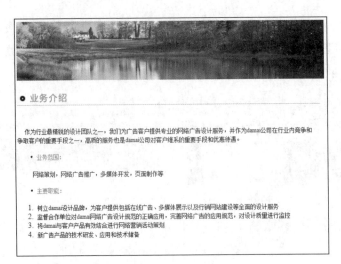

图 3-49 浏览网页

温馨
提示

本例是利用文本与项目列表及编号列表来制作业务介绍网页，如需要特殊的列表样式，可执行【格式】→【列表】→【属性】命令，在弹出的【列表属性】对话框中进行设置。

🌐 同步训练——在网页中插入多彩的水平线

通过上机实战案例的学习，为了增强读者动手能力，下面安排一个同步训练案例，让读者达到举一反三、触类旁通的学习效果。

图解流程

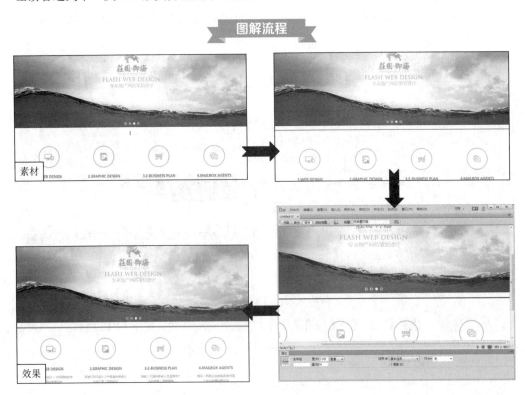

思路分析

水平线用于分隔网页中的不同内容，网页中的水平线就好像是将网页划分成几个不同的页面。在 Dreamweaver CC 中插入水平线时，水平线的默认颜色都是黑色，无法直接插入其他颜色的水平线，这样就会出现插入的水平线与整个网页颜色不协调的情况。如果需要其他颜色的水平线，就需要在插入水平线后再进行设置。

关键步骤

步骤 01　在网页中分别插入两幅素材图像（网盘 \ 素材文件 \ 第 3 章 \spx1.jpg、spx2.jpg），然后将光标放置于网页中两幅图像的中间，如图 3-50 所示。

步骤 02　执行【插入】→【水平线】命令，在光标的位置处插入一条水平线。选中刚插入的水平线，在【属性】面板上的【宽】、【高】文本框中分别输入水平线的宽度与高度，这里输入"1140"与"4"，在【对齐】下拉列表中选择水平线的对齐方式，这里选择【居中对齐】，如图 3-51 所示。

图 3-50　插入图像

图 3-51　插入水平线

步骤 03　在【属性】面板的最右侧单击【快速标签编辑器】按钮，打开快速标签编辑器。在快速标签编辑器中对其参数进行 <hr color="# xxxxxx" /> 设置就可以改变水平线的颜色，其中"#xxxxxx"是需要颜色的色标值。如本例就在快速标签编辑器中输入"hr color=" #1CA68F ""，如图 3-52 所示，表示是插入绿色的水平线。

编辑标签　`<hr align="center" width="1140" size="4" color="#1CA68F">`

图 3-52　快速标签编辑器

步骤 04　执行【文件】→【保存】命令，将文件保存，然后按下【F12】键浏览网页，如图 3-53 所示。

图 3-53 浏览网页

知识能力测试

本章讲解了网页内容的基本编辑操作，为了对知识进行巩固和考核，布置以下相应的练习题。

一、填空题

1. 如果选中功能选择界面左下角的_____复选框，则下一次启动 Dreamweaver CC 时就会直接创建一个 HTML 空白文档。

2. 在 Dreamweaver CC 中创建一个新页面的快捷键为_____，保存页面的快捷键为_____。

3. 执行_____命令，可以在网页中插入日期。

4. 缩小行间距使用快捷键_____，可将行间距变为分段行间距的一半。

5. 复制文本后执行_____菜单中的命令可以粘贴文本。

二、判断题

1. 在 Dreamweaver CC 中可将 Word 或 Excel 文档的完整内容插入到网页中。

（　　）

2. 在【插入】面板中单击"特殊"字符按钮 ，在弹出的下拉列表中连续单击"不换行空格"按钮可以添加多个空格。 （　　）

3. Dreamweaver CC 中有两种类型的列表：项目列表和数字列表。 （　　）

三、操作题

1. 在 Dreamweaver CC 中创建两个新页面，并将其全部关闭。

2. 在网页中插入日期，并在日期下方插入红色的水平线。

CC
DREAMWEAVER

第 4 章
网页中的图像创建与编辑

　　图像是网页吸引浏览者注意力的重要部分，恰当地使用图像既能达到美化网页的目的，又能够更好地传达信息。本章将介绍在网页中插入鼠标经过图像、设置网页背景及创建图像映射的方法。通过本章的学习，读者可以熟练掌握图像在网页设计中的作用，及制作不同网页图像对象的方法和技巧。

学习目标

- 了解网页中常用的图像格式
- 掌握插入图像的方法
- 掌握创建交互式图像的方法
- 掌握设置网页背景的方法
- 掌握插入图像映射的操作
- 掌握外部图像编辑器的操作

4.1 网页中常用的图像格式

图像带给我们丰富的色彩与强烈的冲击力，正是图像实现了网页修饰与点缀。合理地利用图像，会给人们带来美的享受。图像有多种格式，如 JPG、BMP、TIF、GIF、PNG 等。互联网上大部分使用 JPG 和 GIF 两种格式，因为它们除了具有压缩比例高的优点外，还具有跨平台的特性。

下面简单介绍一下常用的图像文件存储格式。

4.1.1 GIF

以 GIF（Graphics Interchange Format，图形交换格式）存在的文件扩展名为 .gif。它是 CompuServe 公司推出的图形标准。它采用非常有效的无损耗压缩方法（即 Lempel-Ziv 算法）使图形文件所占的存储空间大大减小，并基本保持了图片的原貌。目前，几乎所有图形编辑软件都具有读取和编辑这种文件的功能。为方便传输，在制作主页时一般都采用 GIF 格式的图片。此种格式的图像文件最多可以显示 256 种颜色，在网页制作中，适用于显示一些不间断色调或大部分为同一色调的图像。还可以将其作为透明的背景图像、预显示图像或在网页页面上移动的图像。

4.1.2 JPG

JPG 由 Joint Photographic Experts Group 提出并因此而得名，是在 Internet 上被广泛支持的图像格式，JPG 支持 16M 色彩，也就是通常所说的 24 位颜色或真彩色，其典型的压缩比为 4:1。由于人眼并不能看出存储在一个图像文件中的全部信息，因此可以去掉图像中的某些细节，并对图像中某些相同的色彩进行压缩。JPG 是一种以损失质量为代价的压缩方式，压缩比越高，图像质量损失越大，适用于一些色彩比较丰富的照片及 24 位图像。这种格式的图像文件能够保存数百万种颜色，适用于保存一些具有连续色调的图像。

4.1.3 PNG

PNG 是 Portable Network Group 的缩写。这种格式的图像文件可以完全替换 GIF 文件，而且无专利限制，非常适合 Adobe 公司的 Fireworks 图像处理软件，能够保存图像中最初的图层、颜色等信息。

目前，各种浏览器对 JPG 和 GIF 格式的支持情况最好。由于 PNG 文件较小，并且具有较大的灵活性，所以它非常适合用作网页图像。但是，某些浏览器版本只能部分支持 PNG 图像，因此，它在网页中的使用受到一定程度的限制。除非特别必要，在网页中一般都使用 JPG 或 GIF 格式的图像。

4.2　插入图像

一个好的网页除了文本之外，还应该用绚丽的图像来进行渲染，在页面中恰到好处地使用图像能使网页更加生动、形象和美观。图像是网页中不可缺少的元素。

4.2.1　在网页中插入图像

要在网页中插入图像，首先应将光标放置到需要插入图像的位置，然后执行【插入】→【图像】→【图像】命令，或者按下【Ctrl+Alt+I】组合键，打开如图 4-1 所示的【选择图像源文件】对话框。在对话框中选择需要插入的图像，单击【确定】按钮，即可在网页中插入图像，如图 4-2 所示。

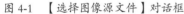

图 4-1　【选择图像源文件】对话框

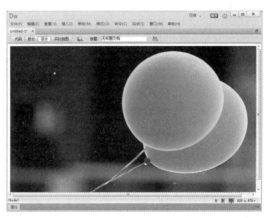

图 4-2　插入图像

温馨提示　插入图像后，如果想在不变形的前提下对图像进行缩放，可以先选中图像，图像上会出现节点，然后按住【Shift】键不放，拖曳节点，这样即可保持比例来缩放图像，如图 4-3 所示。

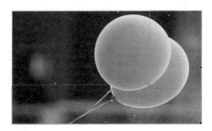

图 4-3　缩放图像

4.2.2 设置图像属性

插入图像后，用户可以随时设置图像的属性，如图像大小、链接位置、对齐方式等。在 Dreamweaver 中设置图像属性主要通过【属性】面板来完成。

选定图像，窗口最下方会出现图像【属性】面板，如图 4-4 所示。

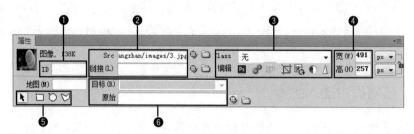

图 4-4 图像【属性】面板

❶ ID	在文本框中输入图像的名称
❷ Src 和链接	【Src】文本框用来设置插入图像的路径及名称。单击右侧的 按钮，打开【选择图像源】对话框，选择一幅图像，可以替换原来的图像。在【链接】文本框中给图像或图像热区添加链接，可以实现页面的跳转
❸ Class 和编辑	在【Class】下拉列表中可设置选中网页元素的样式。单击【编辑】按钮 ，启动默认的外部图像编辑器，可以在图像编辑器中编辑并保存图像，在页面上的图像将会自动更新；单击【编辑图像设置】按钮 可以打开【图像优化】对话框，用于对图像进行优化处理；【裁剪】按钮 用于裁剪图像；【重新取样】按钮 用于重新取样；【亮度和对比度】按钮 用于调整亮度和对比度；【锐化】按钮 用于锐化图像
❹ 宽和高	设置图像的宽度和高度
❺ 热区	选择热区中的工具可为图像设置热区
❻ 目标和原始	在【目标】下拉列表中可以设置链接的目标在浏览器中的打开方式。在【原始】文本框中可以设置图像的 Photoshop 源文件与 Fireworks 源文件

4.3 设置交互式图像与网页背景

下面介绍在网页中创建交互式图像与设置网页背景的方法。

4.3.1 在网页中插入交互式图像

在 Dreamweaver CC 中，可以插入交互式导航图像。所谓交互式导航，是指当鼠标经过一幅图像时，它会变成另外一幅图像，并且带有链接功能。因此导航条图像需要由两幅图像组成：一幅初始图像，另一幅替换图像。在网页中使用交互式图像，可使网页具有动态性与交互性。

要在网页中插入交互式图像,可以执行【插入】→【图像对象】→【鼠标经过图像】命令,打开【插入鼠标经过图像】对话框,如图4-5所示。分别单击【原始图像】文本框右边的【浏览】按钮与【鼠标经过图像】文本框右边的【浏览】按钮,选择原始图像和鼠标经过时的图像即可。

图 4-5　【插入鼠标经过图像】对话框

❶ 图像名称	在文本框中设置鼠标经过图像的名称
❷ 原始图像	在该文本框中,可以输入原始图像的路径,或者单击该文本框后的【浏览】按钮,选择一个图像文件作为原始图像
❸ 鼠标经过图像	在该文本框中,可以输入鼠标经过时显示的图像的路径,或者单击该文本框后的【浏览】按钮,选择一个图像文件作为鼠标经过图像
❹ 替换文本	在该文本框中可以输入鼠标经过图像的替换说明文字内容
❺ 按下时,前往的 URL	设置鼠标经过图像的链接地址

4.3.2　设置网页背景

在 Dreamweaver CC 中,设置网页背景有两种方法:一种是设置背景颜色;另一种是设置背景图像。

1. 设置网页背景颜色

通过设置网页背景颜色,可以使网页看起来色彩感更强,页面更加漂亮。设置网页背景颜色的操作步骤如下。

步骤 01　执行【修改】→【页面属性】命令,或者在【属性】面板中单击【页面属性】按钮,打开如图4-6所示的对话框。

步骤 02　在【背景颜色】处单击 按钮打开颜色列表,如图4-7所示,为网页选择一种背景颜色。

资源下载码：22225

图 4-6 【页面属性】对话框

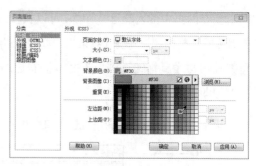
图 4-7 选择背景颜色

步骤 03 单击【确定】按钮，此时就为网页设置了背景颜色，如图 4-8 所示。

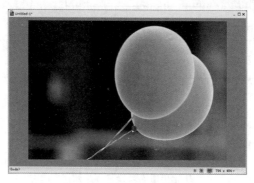
图 4-8 设置网页背景颜色

2. 设置网页背景图像

在 Dreamweaver CC 中也可以为网页文档设置背景图像。设置网页背景图像的操作步骤如下。

步骤 01 执行【修改】→【页面属性】命令，或者在【属性】面板中单击【页面属性】按钮，打开【页面属性】对话框。

步骤 02 在【背景图像】文本框中输入将被用作网页背景的图像文件的路径，或者单击其右侧的【浏览】按钮，在弹出的对话框中选择一幅图像文件，如图 4-9 所示。

步骤 03 完成后单击【确定】按钮，即可为网页文档设置背景图像，如图 4-10 所示。

图 4-9 【选择图像源文件】对话框

图 4-10 设置网页背景图像

温馨
提示

如果同一个网页既设置了背景颜色，又设置了背景图像，那么只能显示背景图像，不能显示背景颜色。

课堂范例——制作网站入口

步骤 01　在 Dreamweaver CC 中新建一个网页文件，执行【修改】→【页面属性】命令，打开【页面属性】对话框。

步骤 02　在【背景图像】文本框中输入将被用作网页背景的图像文件的路径，或者单击其右侧的【浏览】按钮，在弹出的对话框中选择一幅图像文件（网盘\素材文件\第4 章 \k1.png），如图 4-11 所示。

步骤 03　完成后单击【确定】按钮，即可为网页文档设置背景图像，如图 4-12 所示。

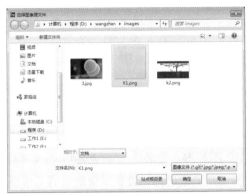

图 4-11　选择图像

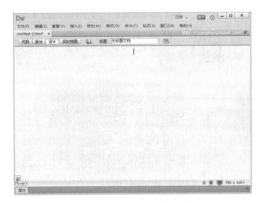

图 4-12　设置背景图像

步骤 04　在【属性】面板上单击【居中对齐】按钮，然后执行【插入】→【图像】→【图像】命令，打开如图 4-13 所示的【选择图像源文件】对话框。在对话框中选择需要插入的图像"网盘\素材文件\第 4 章 \k2.png"，单击【确定】按钮，即可在网页中插入图像，如图 4-14 所示。

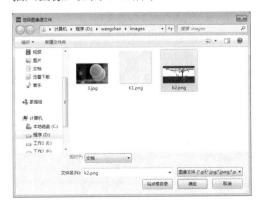

图 4-13　选择图像

图 4-14　插入图像

步骤 05　保存网页，按【F12】键浏览网页，最终效果如图 4-15 所示。

图 4-15　最终效果

图像映射与外部图像编辑器

下面介绍在网页中设置图像映射与外部图像编辑器的方法。

4.4.1　设置图像映射

图像映射是将图像划分为若干个区域，每个区域称为一个热区。在 Dreamweaver CC 中，热区可以是不同的形状，如圆形、矩形、不规则多边形等。设置图像映射的具体操作步骤如下。

步骤 01　执行【插入】→【图像】→【图像】命令，在网页文档中插入一幅图像（网盘 \ 素材文件 \ 第 4 章 \h1.jpg），如图 4-16 所示。然后选定图像，打开【属性】面板，在面板的左下角将出现【矩形热点工具】□、【圆形热点工具】◯和【多边形热点工具】▽，如图 4-17 所示。

图 4-16　插入图像

图 4-17　热区图标

步骤 02 单击任意热点工具，将光标移动到图像上并按下鼠标拖曳，如图 4-18 所示。

步骤 03 在【替换】文本框中输入热区的说明或提示。在浏览器中鼠标指向该热区时就会显示此处输入的文字，例如，此处输入"花的海洋！"，如图 4-19 所示。

图 4-18　绘制热区

图 4-19　输入文字

步骤 04 按下【F12】键打开预览窗口，鼠标经过热区时变成小手形状，如图 4-20 所示。

图 4-20　浏览网页

温馨提示

创建多个热区后，如果要选择多个热区，可单击【属性】面板上热点工具左边的【指针热点工具】🔺，然后按住【Shift】键不放，使用鼠标左键对热区进行选择即可。如果要选择图像中所有的热区，可以选中图像，然后按【Ctrl+A】组合键。选中热区后，就可以通过调节热点周围的控制点改变热点区域的大小，如图 4-21 所示。

图 4-21　调整热区大小

4.4.2　设置外部图像编辑器

当把选择好的外部图片插入到 Dreamweaver CC 中时，可能这些图片与网页中其他元素不能很好地协调搭配。换句话说，就是不能美化网页的整体效果，页面看起来不是那么美观。而 Dreamweaver CC 虽然在图像属性设置功能上有所加强，但它毕竟不是专门的图像编辑软件，这时就需要应用到外部图像编辑器来对图像的源文件进行处理。设置外部图像编辑器的具体操作步骤如下。

步骤 01 执行【编辑】→【首选项】命令，打开【首选项】对话框，在对话框左侧的"分类"列表下选择"文件类型 / 编辑器"选项，如图 4-22 所示。

步骤 02 在【扩展名】列表中单击其上方的 按钮，可以添加一种文件类型，直接在输入框里输入文件的扩展名就行了，如图 4-23 所示。选中一种文件类型后单击 按钮可以删除该文件类型。

图 4-22 【文件类型 / 编辑器】选项　　　图 4-23 添加一种文件类型

步骤 03 选中一种文件类型，例如，这里选择扩展名为 ".png" 的文件，单击【编辑器】上方的 按钮，弹出如图 4-24 所示的对话框。

步骤 04 在本机上为扩展名为 ".png" 的文件选择一种外部图像编辑器软件，这里选择 Photoshop，如图 4-25 所示。

图 4-24 【选择外部编辑器】对话框　　　图 4-25 选择外部图像编辑器软件

步骤 05 单击【打开】按钮，Photoshop 就被添加进"编辑器"列表框中。如果用户对另一种功能强大的图形编辑软件 Fireworks 比较熟悉，也可以将 Fireworks 添加到"编辑器"列表框中，方法都一样。

步骤 06 选中 Photoshop，单击【编辑器】列表框右上角的 设为主要(M) 按钮，可以将 Photoshop 设置为扩展名为".png"的文件的首要外部图像编辑器软件，如图 4-26 所示。

图 4-26　添加 Photoshop

步骤 07 用上面讲过的方法，继续把扩展名为 .jpg、.jpe、.jpeg 的文件的主要外部图像编辑器设为 Photoshop，最后单击【确定】按钮，外部图像编辑器就设置完成了。

📖 课堂范例——制作热卖产品网页

步骤 01 新建一个网页文件，执行【插入】→【图像】→【图像】命令，将素材图像"网盘 \ 素材文件 \ 第 4 章 \c1.jpg"插入到网页中，如图 4-27 所示。

步骤 02 确保已经将 Photoshop 设置为图像的外部编辑器，选中插入的图像，在【属性】面板中单击【编辑】按钮■，在 Photoshop 中打开图像，如图 4-28 所示。

图 4-27　插入图像

图 4-28　在 Photoshop 中打开图像

步骤 03 在Photoshop中选择【矩形工具】■，在图像上绘制一个矩形，然后使用【横排文字工具】T在矩形上输入文字，如图4-29所示。

步骤 04 将文件保存为"c1.jpg"，关闭Photoshop，回到Dreamweaver中，可以看到图像已经更改了，如图4-30所示。

图 4-29　输入文字

图 4-30　Dreamweaver 中的图像效果

步骤 05 单击【矩形热点工具】□，在图像上的按钮处创建矩形热区，如图4-31所示。

步骤 06 保存网页，按【F12】键浏览网页，最终效果如图4-32所示。

图 4-31　创建热区

图 4-32　最终效果

课堂问答

通过本章的讲解，读者对网页中的图像操作有了一定的了解，下面列出一些常见的问题供学习参考。

问题❶：为何在预览网页时不显示图像？

答：产生这样的问题有两种可能，一是图片使用的是绝对路径，二是大小写问题。

第一种情况：如果图片链接用的是绝对路径，并且路径用了本地盘符，则上传后就找不到此图片文件。

图片在Dreamweaver中显示正常，打开图形的【属性】面板，发现其图片的【源文件】

显示为"file:///F:/ Web/img/1.gif"，这就是绝对路径，但可引用本地盘符。如果坚持用绝对路径，可以将其改为"/img/1.gif"。如果要用相对路径，就改为"img/1.gif"。

第二种情况：图形文件名或图形文件所在的目录名中有大写字母，或是里面有中文。因为服务器所在的操作系统一般都是 UNIX 或 Linux 平台，而 UNIX 系统是区分文件名及文件夹大小写的，这与 Windows 98/NT 是不同的。

问题 ❷：为确保图像文件正常使用，需要将图像怎样存放呢？

答：为确保图像文件正常使用，插入的图像应存放在站点文件夹的媒体子文件夹中，若网站大，栏目内容多，则应存放在各自栏目文件夹的媒体文件夹中。图像不在站点时，系统会提示将其复制到站点中。

问题 ❸：如何让网页背景呈条纹状显示？

答：如果要使网页背景呈条纹状显示，可使用图像编辑软件（Photoshop 或 Fireworks）制作一个宽和高都为 5 像素的图片，然后使用矩形工具绘制一个宽为 1 像素、高为 5 像素的矩形，并填充上喜欢的色彩，另存为 .gif 文件，最后在 Dreamweaver 中将其设置为背景图像即可。

上机实战——制作网站炫酷导航

通过本章的学习，为了让读者能巩固本章知识点，下面讲解一个技能综合案例，使大家对本章的知识有更深入的了解。

效果展示

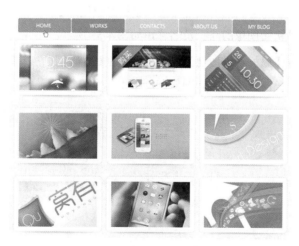

思路分析

导航条是网站所有内容类目的集合，方便浏览者直接打开导航条里的栏目进入相关的内容版块。导航条可以由纯文字组成，也可以由纯图像组成，还可以由图像与文字组成。

要使导航条看上去不但精美而且充满动感，并且要吸引浏览者的注意力，可以使用图像来制作，这样可以使网页更加美观。而且当鼠标指针放到导航栏目上时，可使导航栏目换成另一幅图像，这样就可以使网页生动活泼。

制作步骤

步骤 01 新建一个网页文件，在【属性】面板中单击【居中对齐】按钮，使光标居中对齐，然后执行【插入】→【图像对象】→【鼠标经过图像】命令，打开【插入鼠标经过图像】对话框，如图 4-33 所示。

步骤 02 单击【原始图像】文本框右边的【浏览】按钮，打开【原始图像】对话框，从中选择一幅图像文件（网盘\素材文件\第 4 章\s1.jpg），如图 4-34 所示。

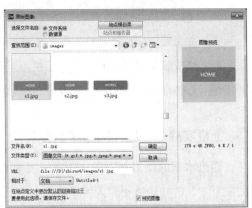

图 4-33 【插入鼠标经过图像】对话框　　　　图 4-34 选择原始图像

步骤 03 单击【确定】按钮，返回【插入鼠标经过图像】对话框，此时在【原始图像】文本框中出现选择的初始图像的路径及名称，如图 4-35 所示。

步骤 04 单击【鼠标经过图像】文本框右边的【浏览】按钮，打开【鼠标经过图像】对话框，从中选择一幅图像文件，如图 4-36 所示。

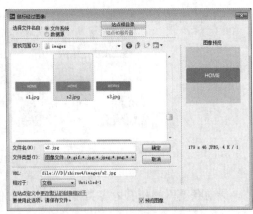

图 4-35 设置原始图像　　　　图 4-36 选择鼠标经过图像

步骤 05 单击【确定】按钮，返回【插入鼠标经过图像】对话框，此时在【鼠标经过图像】文本框中出现了替换图像的路径及名称，如图 4-37 所示。确认无误后单击【确定】按钮，即可插入鼠标经过图像，如图 4-38 所示。

图 4-37　设置鼠标经过图像　　　　　　　图 4-38　插入鼠标经过图像

步骤 06　按照同样的方法再插入 3 幅鼠标经过图像，创建网页导航条，其效果如图 4-39 所示。

图 4-39　插入其他 3 幅鼠标经过图像

步骤 07　按【Shift+Enter】组合键强制换行，接着执行【插入】→【图像】→【图像】命令，在文档中插入一幅图像，如图 4-40 所示。

步骤 08　执行【修改】→【页面属性】命令，打开【页面属性】对话框，将【背景颜色】设置为浅灰色（#F2F2F2），完成后单击【确定】按钮，如图 4-41 所示。

图 4-40　插入图像　　　　　　　　　　图 4-41　设置页面属性

步骤 09　按【Ctrl+S】组合键保存页面，按【F12】键预览网页，当鼠标指针经过导航条中的图像时，图像会进行相应地变换，如图 4-42 所示。

图 4-42　最终效果

同步训练——将网页图像链接到不同网站

　　通过上机实战案例的学习，为了增强读者动手能力，下面安排一个同步训练案例，让读者达到举一反三、触类旁通的学习效果。

图解流程

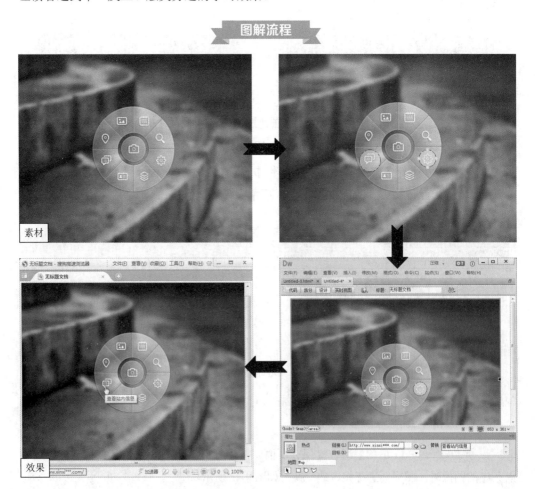

　　本例制作一个为网页图像不同部分分别添加超级链接的效果。首先通过设置页面属性为网页添加背景颜色，然后在网页中插入一幅图像，最后要为图像添加多个超级链接。这就要通过图像映射功能在图像的左侧与右侧处创建圆形热点链接，将图像上的热点分别设置链接，并输入替换文字。

　　步骤 01　新建一个网页文件，在【属性】面板中单击【居中对齐】按钮，使光标居中对齐，然后在网页中插入素材图像"网盘 \ 素材文件 \ 第 4 章 \z3.jpg"，在【属性】面板单击任意热点工具，然后分别在图像左边的信息图标与右边的设置图标上创建热区，如图 4-43 所示。

　　步骤 02　在【属性】面板上单击【指针热点工具】，然后选择左边的热区，在【链接】文本框中直接输入要链接的网址，这里输入 http://www.xinxi***.com/，在【替换】文本框中输入"查看站内信息"，如图 4-44 所示。

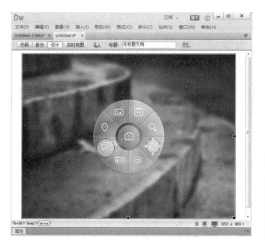

图 4-43　创建热区

图 4-44　设置图像左边的热区

　　步骤 03　选择图像右边的热区，在【属性】面板上的【链接】文本框中直接输入要链接的网址，这里输入 http://www.shezhi***.com.cn/，在【替换】文本框中输入"设置网站界面样式"，如图 4-45 所示。

　　步骤 04　为网页设置背景颜色，然后保存文件，按【F12】键预览，当鼠标经过图像上设置了热区的位置时，不但出现链接网站的文字说明，而且在浏览器状态栏中将显示链接网站的网址，如图 4-46 所示。

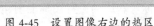

图 4-45　设置图像右边的热区

图 4-46　浏览网页

知识能力测试

本章讲解了网页中图像的处理与操作，为了对知识进行巩固和考核，布置以下相应的练习题。

一、填空题

1．网页中常用的图像格式包括_____、_____、_____。

2．执行_____命令，弹出【插入鼠标经过图像】对话框，可以创建_____。

3．导航条图像需要由两幅图组成，在网页中使用导航条图像，可使网页具有_____与_____。

二、选择题

1．在 Dreamweaver 中，设置网页背景有两种方法，分别是（　　）。

　　A．设置背景颜色　设置背景图像　　　　B．设置 Body 部分　设置背景图像

　　C．设置背景颜色　设置 Body 部分　　　　D．设置 Head 部分　设置 Body 部分

2．图像映射是将图像划分为若干个区域，每个区域称为一个（　　）。

　　A．热点　　　　　　　　　　　　　　　B．热区

　　C．圆形　　　　　　　　　　　　　　　D．矩形

3．插入图像后，如果想在不变形的前提下对图像进行缩放，可以先选中图像，图像上会出现节点，然后按住（　　）键不放，同时拖曳节点，这样即可保持比例来缩放图像。

　　A．【Enter】　　　　　　　　　　　　　B．【Shift】

　　C．【Alt】　　　　　　　　　　　　　　D．【Tab】

三、操作题

1．请应用本章中学习的知识，制作一个如图 4-47 所示的导航条效果。

图 4-47 导航条效果

2．在页面中插入一幅图像，然后使用热点工具为图像创建热区，并为热区设置提示
文字。

CC
DREAMWEAVER

第 5 章
表格的创建与编辑操作

　　表格是网页中最常用的排版方式之一，它可以将数据、文本、图片、表单等元素有序地显示在页面上，从而便于阅读信息。通过在网页中插入表格，可以对网页内容进行精确的定位。本章主要介绍通过使用表格来排版网页的方法，希望读者通过对本章内容的学习，掌握插入表格及设置表格属性、编辑表格与单元格等知识。

学习目标

- 掌握插入表格的方法
- 掌握在表格中输入文字与插入图像的操作
- 掌握选择表格元素的操作
- 掌握添加和删除行或列的操作
- 掌握单元格合并和拆分的操作
- 掌握导入和导出表格数据的操作

5.1 插入表格

　　要学习网页设计，熟练使用表格是必须要掌握的。熟悉表格不仅是制作行列式的表格，更重要的是能帮助我们把图片、文字有致地排列。熟练掌握和灵活应用表格的各种属性，可以使网页赏心悦目。因此表格是网页设计人员必须掌握的基础，也是网页设计的重中之重。

5.1.1 在网页中创建表格

　　执行【插入】→【表格】命令，或者按下快捷键【Ctrl+Alt+T】，打开【表格】对话框，如图 5-1 所示。

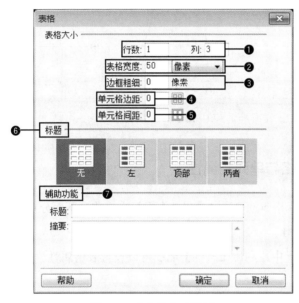

图 5-1　【表格】对话框

❶ 行、列	设置表格具有的行和列的数目
❷ 表格宽度	以像素为单位或以占浏览器窗口宽度的百分比指定表格的宽度。当表格宽度以像素为单位时，缩放浏览器窗口时不会影响表格的实际大小；当表格宽度指定为百分比时，缩放浏览器窗口时表格宽度也将随之变化。通常情况下都以实际像素表示表格宽度
❸ 边框粗细	指定表格边框的粗细。大多数浏览器按边框粗细为 1 显示表格。若不需要显示表格边框，则将边框粗细设置为 0
❹ 单元格边距	单元格边框和单元格内容之间的距离。大多数浏览器默认设置单元格填充为 1
❺ 单元格间距	相邻单元格之间的距离。大多数浏览器默认设置单元格间距为 2

⑥标题	在"标题"区域下有4个选项，分别表示标题单元格相对于表格的位置。如图5-2所示分别为无标题、标题居左、标题居顶、标题同时居左和居顶时的表格状态  图5-2　无标题、标题居左、标题居顶、标题同时居左和居顶
⑦辅助功能	在"辅助功能"区域中有以下参数，标题是显示在表格外的表格标题；摘要是表格的说明，可供浏览器读取，但不予显示

在对话框中设置好各种参数后，单击【确定】按钮，即可在网页中插入表格，如图5-3所示。

图5-3　插入表格

5.1.2 设置表格与单元格属性

设置表格与单元格属性可通过【属性】面板来完成，下面分别进行介绍。

1．设置表格属性

在Dreamweaver中，利用【属性】面板可以设置表格属性。选定表格，【属性】面板如图5-4所示。

图5-4　表格【属性】面板

❶表格	设置表格的名称
❷行	设置表格的行数
❸Cols（列）	设置表格的列数

④ CellPad（填充）、CellSpace（间距）	CellPad 是设置单元格内容与边框的距离；CellSpace 是设置每个单元格之间的距离
⑤ Align（对齐）	设置表格的对齐方式。对齐方式有"左对齐""居中对齐"和"右对齐"3 种，默认是左对齐
⑥ Border（边框）	设置表格边框的宽度，以像素为单位
⑦ ▨▨▨▨	▨用于清除列宽；▨将表格宽度转换成像素；▨将表格宽度转换成百分比；▨用于清除行高

2．设置单元格属性

在 Dreamweaver 中，用户还可以单独设置单元格的属性，将光标放置到单元格中，【属性】面板如图 5-5 所示。

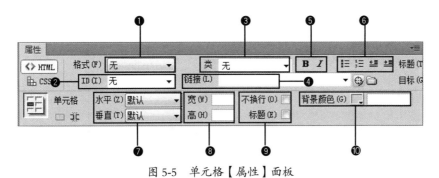

图 5-5 单元格【属性】面板

① 格式	设置表格中文本的格式
② ID	设置单元格的名称
③ 类	选择设置的 CSS 样式
④ 链接	设置单元格中内容的链接属性
⑤ B I	B：对所选文本应用加粗效果；I：对所选文本应用斜体效果
⑥ ≡ / ≡ / ≝ / ≝	设置表格中文本列表方式和缩进方式
⑦ 水平、垂直	水平：设置表格中的元素的水平对齐方式，其中包括"左对齐""右对齐""居中对齐"3 种，默认是"左对齐"；垂直：设置表格中的元素的垂直对齐方式，其中包括"顶端""居中""底部""基线"4 种，默认为"居中"
⑧ 宽、高	设置单元格的宽度和高度，单位为像素
⑨ 不换行、标题	不换行：选中此复选项后，表格中的文字、图像将不会环绕排版；标题：设置单元格的表头
⑩ 背景颜色	设置单元格的背景颜色

5.2 输入表格内容

在 Dreamweaver 中，不仅可以在表格中输入文本，还可以插入图像。

5.2.1 输入文本

将光标放置到要输入文本的表格中，直接输入文本内容即可，如图 5-6 所示。

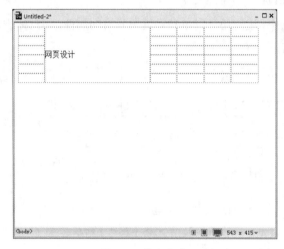

图 5-6　输入文本

5.2.2 插入图像

　　将光标放置到要插入图像的表格中，执行【插入】→【图像】→【图像】命令，打开【选择图像源文件】对话框，如图 5-7 所示。选择要插入的图像，单击【确定】按钮，即可在表格中插入图像，如图 5-8 所示。

图 5-7　【选择图像源文件】对话框

图 5-8　在表格中插入图像

温馨
提示

在表格中插入图像时，如果表格的宽度和高度小于所插入图像的宽度和高度，则插入图像后表格的宽度和高度会自动增大到与图像的尺寸相同。

5.3 选定表格元素

在对表格元素进行操作之前，必须先选定表格元素。下面就来介绍选定表格元素的操作方法。

5.3.1 选定整行

选定整行单元格的操作方法有以下两种。

第 1 种：在一行表格中，单击并横向拖曳。

第 2 种：将光标放置到一行表格的左边，当出现选定箭头时单击，即可选中整行表格，如图 5-9 所示。

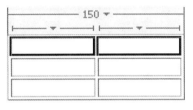

图 5-9 选定整行

5.3.2 选定整列

选定整列单元格的操作方法有以下两种。

第 1 种：在一列表格中，单击并纵向拖曳。

第 2 种：将光标置于一列表格上方，当出现选定箭头时单击，选定的单元格内侧会出现黑框，如图 5-10 所示。

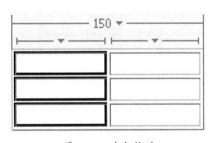

图 5-10 选定整列

5.3.3 选择不连续的多行或多列

如果要选中不相邻的多个行或者列，可以在选中一行或者一列后，按住【Ctrl】键依次在表格的边框处单击，如图 5-11 所示。

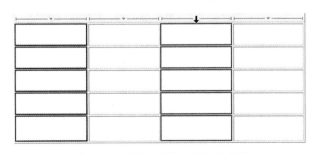

图 5-11 选择不连续的多行或多列

5.3.4 选择连续的单元格

选定一个单元格，然后在按住【Shift】键的同时单击另一个单元格，或者在一个单元格中按住鼠标左键不放并横向或纵向拖曳，就可以选择多个连续的单元格，如图 5-12 所示。

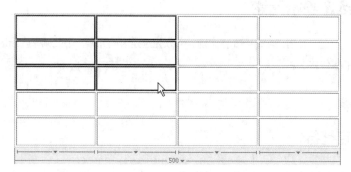

图 5-12　选择连续的单元格

5.3.5 选择不连续的单元格

按住【Ctrl】键，分别单击不连续的各单元格即可。若再次单击被选中的单元格，则可取消对单元格的选中状态，如图 5-13 所示。

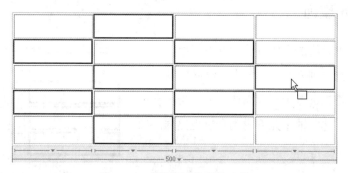

图 5-13　选择不连续的单元格

5.3.6 选定整个表格

选定整个表格的操作方法有以下 3 种。

第 1 种：执行【修改】→【表格】→【选择表格】命令。

第 2 种：将鼠标指针移动到表格的左上角或右下角，当其变成✛形状时单击。

第 3 种：将光标放置到任意一个单元格中，然后单击文件窗口左下角的 <table> 标签，如图 5-14 所示。

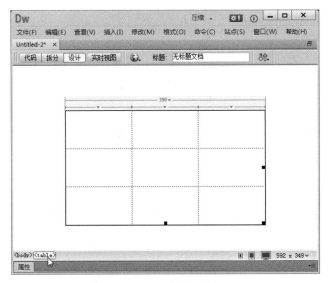

图 5-14 选定整个表格

5.4 添加和删除行或列

在表格的操作过程中，用户可以很方便地添加和删除表格的行或列。

5.4.1 在表格中添加一行

在表格中添加一行的操作方法有以下两种。

第 1 种：将光标放置到单元格内，执行【修改】→【表格】→【插入行】命令，如图 5-15 所示。

第 2 种：将光标放置到单元格内，然后右击，在弹出的快捷菜单中选择【表格】→【插入行】命令，如图 5-16 所示。

图 5-15 执行菜单命令插入行

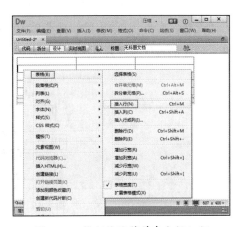

图 5-16 执行快捷菜单命令插入行

5.4.2 在表格中添加一列

在表格中添加一列的操作方法有以下两种。

第 1 种：将光标放置到单元格内，执行【修改】→【表格】→【插入列】命令，如图 5-17 所示。

第 2 种：将光标放置到单元格内，然后右击，在弹出的快捷菜单中选择【表格】→【插入列】命令，如图 5-18 所示。

图 5-17　执行菜单命令插入列

图 5-18　执行快捷菜单命令插入列

> **温馨提示**
>
> 将光标放置到单元格内，按【Ctrl+M】组合键能添加一行，按【Ctrl+Shift+A】组合键能添加一列。

5.4.3 在表格中添加多行或多列

将光标放置到单元格内，执行【修改】→【表格】→【插入行或列】命令，或直接在单元格内右击，在弹出的快捷菜单中选择【表格】→【插入行或列】命令，打开如图 5-19 所示的【插入行或列】对话框，在其中进行设置即可添加多行或多列。

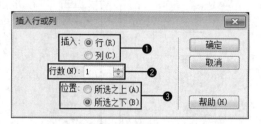

图 5-19　【插入行或列】对话框

❶ 插入	可通过单选项来选择插入【行】还是插入【列】	
❷ 行数	如选择【行】单选项，这里就输入要添加行的数目；如选择【列】单选项，这里就输入要添加列的数目	
❸ 位置	如选择【行】单选项，这里就可选择插入行的位置是在光标当前所在单元格之上或者之下；如选择【列】单选项，就可选择插入列的位置是在光标当前所在单元格之前或者之后	

5.4.4　删除行或列

　　将光标放置到单元格内，执行【修改】→【表格】→【删除行】命令，或者右击，在弹出的快捷菜单中选择【表格】→【删除行】命令，即可删除行。

　　将光标放置到单元格内，执行【修改】→【表格】→【删除列】命令，或者右击，在弹出的快捷菜单中选择【表格】→【删除列】命令，即可删除列。

温馨
提示

　　先选定整行或整列，然后按【Delete】键也可删除行或列。

5.5　单元格的合并和拆分

　　在制作网页的过程中，有时需要合并或拆分单元格。对于连续且呈矩阵分布的多个单元格，可以进行合并操作。

5.5.1　合并单元格

　　如图 5-20 所示，选中左上角的 4 个单元格，右击，在弹出的快捷菜单中单击【表格】菜单，从中选择【合并单元格】命令，或按【Ctrl+Alt+M】组合键，合并单元格后的效果如图 5-21 所示。

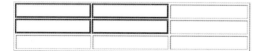

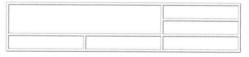

图 5-20　选中要合并的单元格　　　　　　　图 5-21　合并单元格后的效果

5.5.2　拆分单元格

　　对于单个单元格，可以进行拆分操作。

　　如图 5-22 所示，选中表格中间的一个单元格，右击，在弹出的快捷菜单中单击【表格】菜单，从中选择【拆分单元格】命令，或按【Ctrl+Alt+S】组合键，将打开【拆分单元格】对话框，如图 5-23 所示。

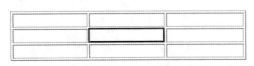

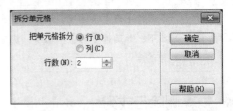

　　图 5-22　选中要拆分的单元格　　　　　　图 5-23　【拆分单元格】对话框

　　在【拆分单元格】对话框中选择把单元格拆分成行或列及要拆分成的单元格个数，设置好后单击【确定】按钮即可。如图 5-24 所示是将单元格拆分成 3 行的效果，如图 5-25 所示是将单元格拆分成 2 列的效果。

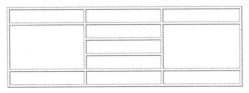

　　图 5-24　将单元格拆分成 3 行　　　　　　图 5-25　将单元格拆分成 2 列

课堂范例——制作小游戏网页

　　步骤 01　新建一个网页文档，执行【插入】→【表格】命令，插入一个 4 行 4 列，【宽】为 360 像素的表格。在【属性】面板中将其对齐方式设置为【居中对齐】，【填充】和【间距】都设置为 0，如图 5-26 所示。

　　步骤 02　选择第 1 行所有的单元格，右击，在弹出的快捷菜单中选择【表格】→【合并单元格】命令，将单元格合并，如图 5-27 所示。

　　图 5-26　插入表格　　　　　　　　　　　图 5-27　合并单元格

步骤 03　在【属性】面板中将合并后的单元格的高度设置为 35，【背景颜色】设置为蓝色（#0A5599），如图 5-28 所示。

步骤 04　在表格第 1 行单元格中输入文本"Flash 小游戏"，文本颜色为白色，【大小】为 12 像素，如图 5-29 所示。

图 5-28　设置单元格

图 5-29　输入文字

步骤 05　将光标放置于表格第 2 行左侧的单元格中，执行【修改】→【表格】→【拆分单元格】命令，打开【拆分单元格】对话框。选择【行】单选项，在【行数】文本框中输入 2，最后单击【确定】按钮，如图 5-30 所示。

步骤 06　将光标放置于拆分后的第 1 行单元格中，执行【插入】→【图像】→【图像】命令，在单元格中插入一幅图像（网盘\素材文件\第 5 章\xyx1.jpg），如图 5-31 所示。

图 5-30　拆分单元格

图 5-31　插入图像

步骤 07　将光标放置于拆分后的第 2 行单元格中，在其中输入文本"可爱小猴"，【大小】为 12 像素，如图 5-32 所示。

步骤 08　将光标放置于表格第 2 行第 2 个单元格中，执行【修改】→【表格】→【拆分单元格】命令，打开【拆分单元格】对话框。选择【行】单选项，在【行数】文本框中输入 2，最后单击【确定】按钮，如图 5-33 所示。

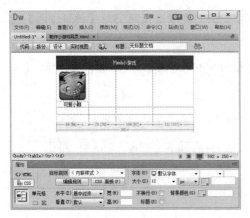

图 5-32　输入文字

图 5-33　拆分单元格

步骤 09　将光标放置于拆分后的第 1 行单元格中，插入一幅图像（网盘＼素材文件＼第 5 章＼xyx2.jpg），然后在第 2 行单元格中输入文本"做蛋糕"，【大小】为 12 像素，如图 5-34 所示。

步骤 10　按照同样的方法，将其余的单元格拆分为两行，然后分别在拆分后的第 1 行单元格中插入图像，在拆分后的第 2 行单元格中输入文字，如图 5-35 所示。

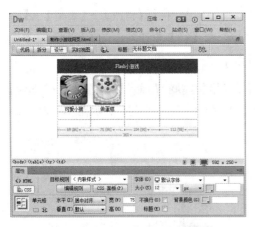

图 5-34　插入图像并输入文字 1

图 5-35　插入图像并输入文字 2

步骤 11　执行【文件】→【保存】命令，将文件保存，然后按下【F12】键浏览网页，如图 5-36 所示。

图 5-36　浏览网页

5.6 导入和导出表格数据

Dreamweaver 能与其他文字编辑软件进行数据交换。通过其他软件创建的表格数据能导入到 Dreamweaver 并转化为表格，同样也能将 Dreamweaver 中的表格数据导出。

5.6.1 导入表格数据

下面将如图 5-37 所示的 .txt 格式的文本导入到 Dreamweaver CC 中，操作步骤如下。

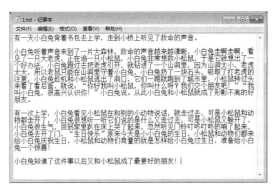

图 5-37　将要导入的表格数据

步骤 01　执行【文件】→【导入】→【表格式数据】命令，弹出如图 5-38 所示的【导入表格式数据】对话框。

步骤 02　单击【数据文件】文本框右侧的【浏览】按钮，弹出【打开】对话框，选择要导入的数据文件。

图 5-38　【导入表格式数据】对话框

步骤 03　在【定界符】的下拉列表中，选择导入的文件中所使用的分隔符。

步骤 04　在【表格宽度】区域中选择【匹配内容】或【设置为】单选项。选择【匹配内容】单选项，创建的表格列宽可以调整到容纳最长的句子；选择【设置为】单选项，系统以占浏览器窗口的百分比或像素为单位指定表格的宽度。

步骤 05　在【单元格边距】文本框里输入单元格内容与单元格边框之间的距离，这里是以像素为单位。

步骤 06　在【单元格间距】文本框里输入单元格与单元格之间的距离，这里以像素为单位。

步骤 07　单击【格式化首行】右侧的下拉按钮，打开下拉列表，其中包括【无格式】、【粗体】、【斜体】、【加粗斜体】4 项，选择其中一项。

步骤 08　设置完成后，单击【确定】按钮，即可导入数据，如图 5-39 所示。

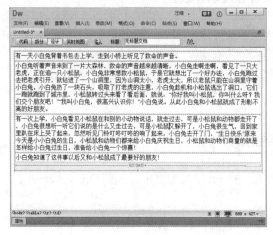

图 5-39　导入数据

5.6.2　导出表格数据

导出表格数据的操作步骤如下。

步骤 01　将光标放置到要导出数据的表格中。

步骤 02　执行【文件】→【导出】→【表格】命令，弹出如图 5-40 所示的对话框。

步骤 03　在【定界符】下拉列表中选择分隔符。这里包括【空白键】、【逗号】、【分号】、【冒号】4 项。

步骤 04　在【换行符】下拉列表中选择将要导出文件的操作系统。这里包括【Windows】、【Mac】、【UNIX】3 种。

步骤 05　单击【导出】按钮，打开【表格导出为】对话框，如图 5-41 所示。

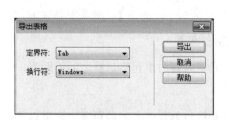

图 5-40　【导出表格】对话框

图 5-41　【表格导出为】对话框

步骤 06　在【文件名】文本框中输入导出文件的名称。

步骤 07　单击【保存】按钮，表格数据文件即可被导出。

课堂范例——通过导入数据制作网页

步骤 01 新建一个网页文档，执行【插入】→【表格】命令，插入一个 1 行 1 列、【宽】为 850 像素的表格，在【属性】面板中将其对齐方式设置为【居中对齐】，【填充】和【间距】都设置为 0，如图 5-42 所示。

步骤 02 将光标置于表格中，执行【插入】→【图像】→【图像】命令，在表格中插入一幅图像（网盘 \ 素材文件 \ 第 5 章 \bg1.jpg），如图 5-43 所示。

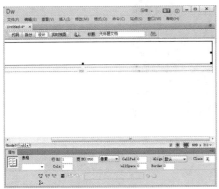

图 5-42 插入表格

图 5-43 插入图像

步骤 03 执行【插入】→【表格】命令，插入一个 1 行 2 列、【宽】为 850 像素的表格，在【属性】面板中将其对齐方式设置为【居中对齐】，【填充】和【间距】都设置为 0，如图 5-44 所示。

步骤 04 将光标置于表格左侧单元格中，执行【修改】→【表格】→【拆分单元格】命令，打开【拆分单元格】对话框。选择【行】单选项，在【行数】文本框中输入 2，完成后单击【确定】按钮，如图 5-45 所示。

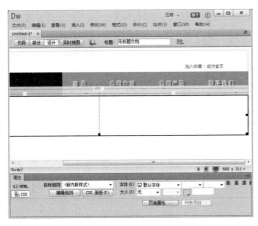

图 5-44 插入表格

图 5-45 拆分单元格

步骤 05 将光标置于拆分后的第 1 行单元格中，执行【插入】→【图像】→【图像】命令，在单元格中插入一幅图像（网盘 \ 素材文件 \ 第 5 章 \bg2.jpg），如图 5-46 所示。

步骤 06 　将光标放置于拆分后的第 2 行单元格中，执行【插入】→【图像】→【图像】命令，在单元格中插入一幅图像（网盘 \ 素材文件 \ 第 5 章 \bg3.jpg），如图 5-47 所示。

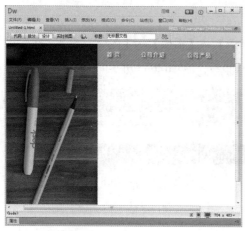

图 5-46　插入图像

图 5-47　插入图像

步骤 07 　将光标放置于表格右侧单元格中，执行【文件】→【导入】→【表格式数据】命令，打开【导入表格式数据】对话框，如图 5-48 所示。

步骤 08 　单击【数据文件】文本框右侧的【浏览】按钮，弹出【打开】对话框，选择要导入的数据文件，完成后单击【打开】按钮，如图 5-49 所示。

图 5-48　【导入表格式数据】对话框

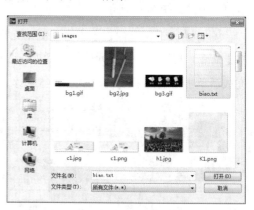

图 5-49　选择数据文件

步骤 09 　选中【设置为】单选项，在文本框中输入 100，在后面的下拉列表框中选择【百分比】，设置【单元格边距】为 2，【单元格间距】为 1，【边框】为 0，如图 5-50 所示。

图 5-50　设置选项

步骤 10 设置完成后，单击【确定】按钮，即可导入数据，如图 5-51 所示。

步骤 11 将【类别】列中的文本和其下方的空单元格合并为一个单元格，然后拖曳列线，使该列宽与文本适合，最后将所有文本的大小都设置为 12 像素，如图 5-52 所示。

图 5-51　导入数据

图 5-52　调整数据

步骤 12 将表格第 1 行所有的单元格的【背景颜色】设置为黑色，将文字颜色更改为白色，如图 5-53 所示。

步骤 13 将表格其余单元格的【背景颜色】设置为黄色（#D38B1F），如图 5-54 所示。

图 5-53　设置单元格

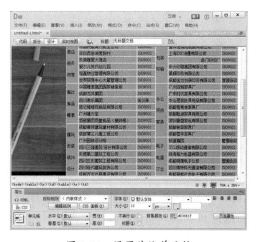

图 5-54　设置其他单元格

步骤 14 执行【文件】→【保存】命令，将文件保存，然后按下【F12】键浏览网页，如图 5-55 所示。

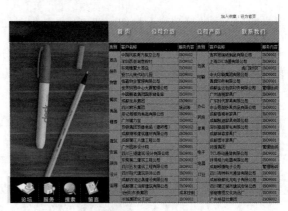

图 5-55　浏览网页

课堂问答

通过本章的讲解，读者对网页中的表格的创建与编辑操作有了一定的了解，下面列出一些常见的问题供学习参考。

问题❶：创建表格后，怎样调整表格的大小呢？

答：首先选中表格（被选中的表格带有粗黑的外框，并在下边中点、右边中点、右下角分别显示控制柄），然后使用鼠标拖曳控制柄以调整其大小，拖曳表格右下角的控制柄，可以同时调整表格的宽度和高度。选定表格后，也可以通过在【属性】面板上的【宽】和【高】文本框中直接输入新的数值，精确调整表格的大小。

问题❷：像素和百分比分别在什么情况下使用？

答：表格大小的单位有两种，一种是像素；另一种是百分比。

像素就像我们平时度量一棵树有多高时的"米"一样，它是一个度量单位，一旦加入数字就是一个准确的值，即绝对值。

百分比是一个相对大小。例如，在一个表格的某个单元格中再插入一个表格后，可以设置后插入的表格的大小为一个百分比，如90%，即该表格的大小占表格所处单元格大小的90%。

像素和百分比分别在什么情况下使用呢？这主要根据设计师的排版来决定。如果设计师需要一个固定尺寸的表格，可以选择像素，比如布局网页时的外框表格，用它来确定网页的大小；如果设计师不需要一个准确的大小，可以使用百分比，比如在某个区域内添加对象，但该对象需要与周围有一定的间距，此时可以采用百分比方式。

问题❸：可以在已经创建的表格中无限地插入嵌套表格吗？

答：在网页中制作嵌套表格时，表格嵌套的级数不能太多，否则会降低网页的下载速度。一般网站中的表格嵌套最多使用 3 ～ 4 级。

上机实战——制作产品推荐网页

通过本章的学习，为了让读者能巩固本章知识点，下面讲解一个技能综合案例，使大家对本章的知识有更深入的了解。

效果展示

思路分析

本实例在设计制作时，网页配色方面，不宜选用过于阴暗的颜色，因为是针对购买数码产品的用户，所以选用灰色为网页底色，同时与白色搭配。网页上表达产品信息的文字不宜过大或过小，过大会显得突兀，过小则让浏览者阅读起来感到吃力。网站页面布局可以采用较经典的商业网站布局，用图片来进行分割，不但美观，而且让浏览者觉得页面很简洁，可以很容易地了解到关于产品的各种信息。

制作步骤

步骤 01 新建一个网页文档，执行【插入】→【表格】命令，插入一个 2 行 1 列、【宽】设置为 640 像素的表格，在【属性】面板中将其对齐方式设置为【居中对齐】，【填充】和【间距】都设置为 0，如图 5-56 所示。

图 5-56 插入表格 1

步骤 02　执行【插入】→【图像】→【图像】命令，分别在两行单元格中插入图像（网盘 \ 素材文件 \ 第 5 章 \cp1.gif、cp2.gif），如图 5-57 所示。

步骤 03　执行【插入】→【表格】命令，插入一个 2 行 2 列、【宽】设置为 640 像素的表格，在【属性】面板中将其对齐方式设置为【居中对齐】，【填充】和【间距】都设置为 0，如图 5-58 所示。

图 5-57　插入图像 1

图 5-58　插入表格 2

步骤 04　将左侧的两行单元格合并，然后在合并后的单元格中插入一幅图像（网盘 \ 素材文件 \ 第 5 章 \cp3.gif），如图 5-59 所示。

步骤 05　执行【插入】→【图像】→【图像】命令，分别在右侧的两行单元格中插入图像（网盘 \ 素材文件 \ 第 5 章 \cp4.gif、cp5.gif），如图 5-60 所示。

图 5-59　插入图像 2

图 5-60　插入图像 3

步骤 06　单击【属性】面板上的【页面属性】按钮，打开【页面属性】对话框，将网页的【背景颜色】设置为浅灰色（#EEEEEE），如图 5-61 所示。

步骤 07　执行【文件】→【保存】命令，将文件保存，然后按下【F12】键浏览网页，如图 5-62 所示。

图 5-61　设置背景颜色

图 5-62　浏览网页

同步训练——制作装饰公司网页

通过上机实战案例的学习，为了增强读者动手能力，下面安排一个同步训练案例，让读者达到举一反三、触类旁通的学习效果。

图解流程

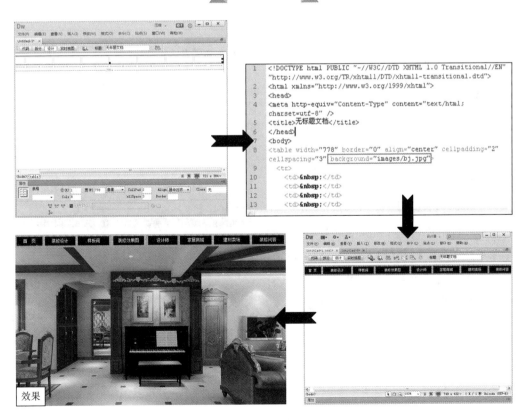

════ 思路分析 ════

本例使用隔距边框表格来制作装饰公司网页，隔距边框表格在网页中主要用来排列各个栏目或频道，使用隔距边框可以使浏览者对各栏目一目了然，方便阅读。本例首先插入表格，设置表格的【填充】与【间距】，然后为表格设置背景图像，再插入嵌套表格，设置嵌套表格的背景颜色，最后在嵌套表格中输入栏目文字。

════ 关键步骤 ════

步骤 01　插入一个 1 行 8 列、宽为 778 像素的表格，在【属性】面板中将表格设置为【居中对齐】，【填充】和【间距】分别设置为 2 和 3，如图 5-63 所示。

步骤 02　保持表格的选中状态，单击 代码 按钮，切换到代码视图，在"<table width= "778" border="0" align="center" cellpadding="2" cellspacing="3" "后添加代码"background= "images/bj.jpg""，如图 5-64 所示。表示将名称为 bj 的 .jpg 图像作为表格的背景图像。

图 5-63　插入表格

图 5-64　设置背景图像

步骤 03　单击 设计 按钮，切换到设计视图，依次在表格的 8 个单元格中插入一个 1 行 1 列的嵌套表格。在【属性】面板中将嵌套表格的【宽】设置为100%，将【填充】、【间距】、【边框】全部设置为0，将【背景颜色】设置为黑色，如图 5-65 所示。

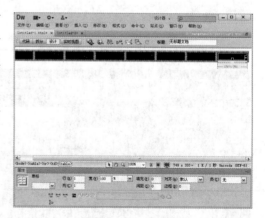

图 5-65　插入嵌套表格

步骤 04　分别在插入的嵌套表格中输入文字，然后将输入的文字设置为居中对齐，如图 5-66 所示。

图 5-66　输入文字

步骤 05　插入一个表格，然后在表格中插入一幅图像（网盘 \ 素材文件 \ 第 5 章 \ zs1.jpg），保存文件，按【F12】键浏览网页即可，如图 5-67 所示。

图 5-67　插入图像并浏览网页

知识能力测试

本章讲解了 Dreamweaver CC 中表格的操作，为了对知识进行巩固和考核，布置以下相应的练习题。

一、选择题

1. 下列说法错误的是（　　　）。

　　A. 在一行表格中，按住鼠标左键不放横向拖曳可以选中整行表格

　　B. 将光标放置到一行表格的左边，当出现选定箭头时单击，即可选中整行表格

　　C. 将光标置于一列表格的上方，当出现选定箭头时单击，即可选中整行表格

　　D. 将光标放置到任意一个单元格中，然后单击文件窗口左下角的 `<table>` 标签，即

可选中整个表格

2．在 Dreamweaver 中为表格添加一行操作的组合键是（　　）。

A．【Ctrl+Alt+S】　　　　　　　　B．【Ctrl+M】

C．【Ctrl+Shift+A】　　　　　　　D．【Ctrl+Shift+M】

3．在 Dreamweaver CC 中，用来清除列宽的按钮是（　　）。

A． 　　　　B． 　　　　C． 　　　　D．

二、判断题

1．当光标在表格的一个单元格中，按下【Ctrl+Alt+M】组合键可以将光标移到下一个单元格中。　　　　　　　　　　　　　　　　　　　　　　　　（　　）

2．先选定表格的整行或整列，再按下【Delete】键也可删除行或列。　　（　　）

3．在表格的【属性】面板中， 按钮表示将表格宽度转换成像素。　　（　　）

4．将光标放置到单元格内，执行【修改】→【表格】→【插入行】命令可以添加一行。　　　　　　　　　　　　　　　　　　　　　　　　　　　　　　（　　）

三、操作题

1．创建一个表格，并插入图像和输入文字。

2．在文档中插入一个 3 行 5 列的表格，然后在表格中插入一个 2 行 3 列的嵌套表格。

CC
DREAMWEAVER

第6章
运用多媒体对象丰富网页

随着网络的迅速发展，多媒体在网络中占了很大的比例，并且出现许多专业性的网站，如课件网、音乐网、电影网、动画网等，这些都属于多媒体的范围。除专业网站外，许多企业、公司的网站中都多少有一些Flash动画、公司的宣传视频等。门户网站，如搜狐、雅虎、网易等都有专门的版块放置多媒体供访问者使用。有了文字和图像，网页还不能做到有声有色，只有适当地加入各种对象，网页才能够成为多媒体的呈现平台甚至交互平台。本章全面介绍在Dreamweaver中嵌入各种具备特殊功能的对象的操作方法。希望读者通过本章内容的学习，能掌握多媒体对象的插入等知识。

学习目标

- 掌握插入Flash动画的方法
- 掌握为网页添加音频的方法
- 掌握插入FLV视频的方法

插入 Flash 动画与设置动画属性

6.1

Flash 是矢量化的 Web 交互式动画制作工具，Flash 动画制作技术已成为交互式网络矢量图形动画制作的标准。在网页中插入 Flash 动画会使页面充满动感，下面就介绍在网页中插入 Flash 动画和设置动画属性的知识。

6.1.1 插入 Flash 动画

在网页中插入 Flash 动画的操作如下。

步骤 01 在【文档】窗口中，将光标放到要插入 Flash 的位置。

步骤 02 执行【插入】→【媒体】→【Flash SWF】命令或按下快捷键【Ctrl+Alt+F】，打开【选择 SWF】对话框，如图 6-1 所示。

步骤 03 在对话框中选择 Flash 文件，单击【确定】按钮，将文件图标插入到文档中，如图 6-2 所示。

图 6-1 【选择 SWF】对话框

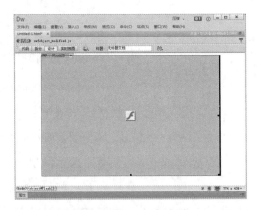

图 6-2 插入 Flash 文件

步骤 04 保存文件，按下【F12】键浏览动画，此时动画会自动播放，如图 6-3 所示。

图 6-3 浏览网页

> **温馨提示**
>
> 　　如果网页文档未进行保存，那么执行【插入】→【媒体】→【Flash SWF】命令时将会弹出如图 6-4 所示的对话框，在对话框中单击【确定】按钮保存文档后，才能继续插入 Flash 动画。
>
>
>
> 图 6-4　【Dreamweaver】对话框

6.1.2　设置 Flash 动画属性

选中插入的 Flash 动画对象，打开【属性】面板，如图 6-5 所示。

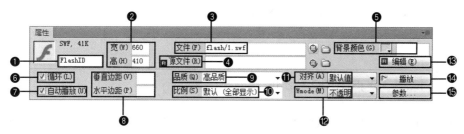

图 6-5　【属性】面板

❶ 名称	为动画对象设置名称以便在脚本中识别，在文本框中可以为该动画输入标识名称
❷ 宽、高	指定动画对象区域的宽度和高度，以控制其显示区域
❸ 文件	指定 Flash 动画文件的路径及文件名，可以直接在文本框中输入动画文件的路径及文件名，也可以单击 📁 图标进行选择
❹ 源文件	设置 Flash 动画（*.swf）的源文件（*.fla）
❺ 背景颜色	确定 Flash 动画区域的背景颜色。在动画不播放（载入时或播放后）的时候，该背景颜色也会显示
❻ 循环	使动画循环播放
❼ 自动播放	当网页载入时自动播放动画
❽ 垂直边距 / 水平边距	指定动画上、下、左、右边距
❾ 品质	设置质量参数，有【低品质】、【自动低品质】、【自动高品质】和【高品质】4 个选项
❿ 比例	设置缩放比例，有【默认】、【无边框】和【严格匹配】3 个选项

⑪ 对齐	确定 Flash 动画在网页中的对齐方式
⑫ Wmode	设置 Flash 动画是否透明
⑬ 编辑	编辑 Flash 动画源文件
⑭ 播放	单击该按钮可以看到 Flash 动画的播放效果
⑮ 参数	单击该按钮，打开【参数】对话框，在其中可以输入传递给 Flash 动画的其他参数

6.2 为网页添加音频

制作与众不同、充满个性的网站，一直都是网站制作者不懈努力的目标。除了尽量提高页面的视觉效果和互动功能以外，如果能在打开网页的同时，听到一曲优美动人的音乐，相信会使网站增色不少。

为网页添加背景音乐的方法一般有两种，第一种是通过普通的 <bgsound> 标签来添加，另一种是通过 <embed> 标签来添加。

6.2.1 使用 <bgsound> 标签

用 Dreamweaver 打开需要添加背景音乐的页面，单击 代码 按钮切换到"代码"视图，在 <body></ body> 之间输入"<bgsound"，如图 6-6 所示。

在"<bgsound"代码后按空格键，代码提示框会自动将 bgsound 标签的属性列出来供用户选择，bgsound 标签共有 5 个属性，如图 6-7 所示。

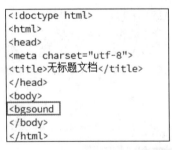

图 6-6　输入代码

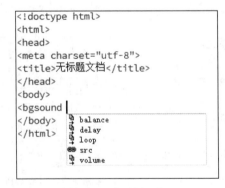

图 6-7　代码提示框

其中"balance"是设置音乐的左右均衡，"delay"是进行播放延时的设置，"loop"是循环次数的控制，"src"则是音乐文件的路径，"volume"是音量设置。一般在添加背景音乐时，我们并不需要对音乐进行左右均衡及延时等设置，只需设置几个主要的参数就可以了。最后的代码如下。

```
< bgsound src="music.mid" loop="-1">
```

其中，loop="-1" 表示音乐无限循环播放，如果你要设置播放次数，则改为相应的数字即可。按下【F12】键浏览网页，就能听见悦耳的背景音乐了。

6.2.2　使用 <embed> 标签

使用 <embed> 标签来添加音乐的方法并不是很常见，但是它的功能非常强大，结合一些播放控件就可以打造出一个 Web 播放器。

用 Dreamweaver 打开需要添加背景音乐的页面，单击 代码 按钮切换到 "代码" 视图，在 < body></ /body> 之间输入 "<embed"。

在 "<embed" 代码后按空格键，代码提示框会自动将 embed 标签的属性列出来供用户选择使用，如图 6-8 所示。从图中可看出 embed 的属性比 bgsound 的属性多一些，最后的代码为 "<embed src="111.wma" autostart="true" loop="true" hidden="true"></embed>"，如图 6-9 所示。

```
<!doctype html>
<html>
<head>
<meta charset="utf-8">
<title>无标题文档</title>
</head>
<body>
<embed src="111.wma" autostart="true" loop="true" hidden="true"></embed>
</body>
</html>
```

图 6-8　代码提示框　　　　　　　　　　图 6-9　插入代码

其中 autostart 用来设置打开页面时音乐是否自动播放，而 hidden 用来设置是否隐藏媒体播放器。因为 embed 实际上类似一个 Web 页面的音乐播放器，所以如果没有隐藏，则会显示出系统默认的媒体插件。

当按下【F12】键浏览网页时，就能看见音乐播放器，并能听见音乐，效果如图 6-10 所示。

图 6-10　音乐播放器

6.3 插入 **FLV** 视频

下面对 FLV 视频和在网页中插入 FLV 视频的方法进行介绍。

6.3.1 FLV 视频简介

FLV 是 Flash Video 的简称，FLV 流媒体格式是随着 Flash 的发展而出现的视频格式。由于它形成的文件极小，加载速度极快，所以许多在线视频网站都采用此视频格式。

FLV 是一种全新的流媒体视频格式，它利用了网页上广泛使用的 Flash Player 平台，将视频整合到 Flash 动画中。也就是说，网站的访问者只要能观看 Flash 动画，自然也能观看 FLV 格式视频，而无须再额外安装其他视频插件。FLV 视频的使用给视频传播带来了极大的便利。

6.3.2 在网页中插入 FLV

在 Dreamweaver 中可以非常方便地在网页中插入 FLV 视频，执行【插入】→【媒体】→【Flash Video】命令，打开如图 6-11 所示的【插入 FLV】对话框，在对话框中进行设置后，单击【确定】按钮可以插入 FLV 视频。

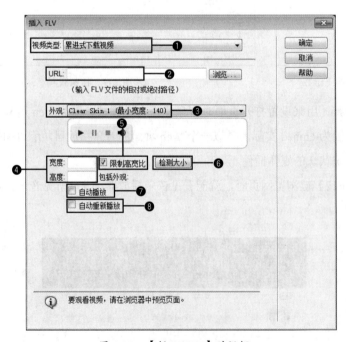

图 6-11　【插入 FLV】对话框

❶ 视频类型	在该下拉列表中选择视频的类型，包括【累进式下载视频】与【流视频】。【累进式下载视频】首先将 FLV 文件下载到访问者的硬盘上，然后再进行播放，它可以在下载完成之前就开始播放视频文件；【流视频】要经过一段缓冲时间后才在网页上播放视频内容
❷ URL	输入一个 FLV 文件的 URL 地址，或者单击右侧的【浏览】按钮，选择一个 FLV 文件
❸ 外观	指定视频组件的外观。选择某一项后，会在【外观】下拉列表的下方显示它的预览效果
❹ 宽度 / 高度	指定 FLV 文件的宽度和高度，单位是像素
❺ 限制高宽比	保持 FLV 文件的宽度和高度的比例不变。默认选择该选项
❻ 检测大小	单击该按钮确定 FLV 文件的准确宽度和高度，但是有时 Dreamweaver 无法确定 FLV 文件的尺寸大小。在这种情况下，必须手动输入宽度和高度值
❼ 自动播放	指定在网页打开时是否自动播放 FLV 视频
❽ 自动重新播放	选择此项，FLV 文件播放完之后会自动返回到起始位置

📚 课堂范例——在网页中播放 FLV 视频

步骤 01　打开一个素材文件（网盘\素材文件\第 6 章\f1.html），如图 6-12 所示。

步骤 02　将光标放置于网页中需要插入 FLV 视频的位置，执行【插入】→【媒体】→【Flash Video】命令，打开【插入 FLV】对话框，在【视频类型】下拉列表中选择【累进式下载视频】选项，如图 6-13 所示。

图 6-12　打开素材文件

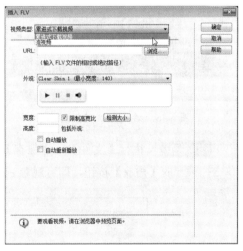

图 6-13　选择【累进式下载视频】选项

步骤 03　单击【URL】文本框右侧的【浏览】按钮，打开【选择 FLV】对话框，在对话框中选择一个需要播放的 FLV 视频文件（网盘\素材文件\第 6 章\f2.flv），如图 6-14 所示。

步骤 04　在【外观】下拉列表中选择【Clear Skin 1（最小宽度：140）】选项，将【宽度】和【高度】分别设置为 430 和 240，如图 6-15 所示。

图 6-14　选择 FLV 视频文件　　　　　　　　图 6-15　设置外观

步骤 05　完成后单击【确定】按钮，即可在网页文档中插入 FLV 视频文件，如图 6-16 所示。

步骤 06　执行【修改】→【页面属性】命令，打开【页面属性】对话框，在【上边距】与【下边距】文本框中都输入 0，完成后单击【确定】按钮，如图 6-17 所示。

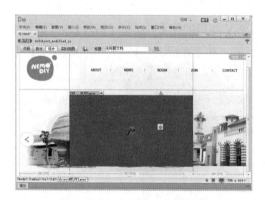

图 6-16　插入 FLV 视频文件　　　　　　　　图 6-17　【页面属性】对话框

步骤 07　执行【文件】→【保存】命令保存文档，然后按【F12】键浏览网页，单击视频上的【播放】按钮，即可观看 FLV 视频，如图 6-18 所示。

图 6-18　浏览网页

课堂问答

通过本章的讲解，读者对网页中的多媒体有了一定的了解，下面列出一些常见的问题供学习参考。

问题 ❶：【累进式下载视频】选项有什么作用？

答：【累进式下载视频】首先将 FLV 文件下载到访问者的硬盘上，然后再进行播放，它可以在下载完成之前就开始播放视频文件，从而不用让浏览者等待太长时间。

问题 ❷： 使用 <bgsound> 标签和 <embed> 标签添加音乐的方法有什么区别？

答：这两种方法的不同之处在于，使用 <bgsound> 标签是在当页面打开时播放音乐，将页面最小化以后音乐会自动暂停。如果使用 <embed> 标签，只要不关闭窗口，音乐就会一直播放。所以大家在操作过程中要根据自己的实际需要来选择添加音乐的方法。

上机实战——制作商品销售网页

通过本章的学习，为了让读者巩固本章知识点，下面讲解一个技能综合案例，使大家对本章的知识有更深入的了解。

效果展示

思路分析

本实例使用 banner 条来制作商品销售网页，网页 banner 条是指在网页中内嵌的 banner，这类 banner 一般随网站页面的打开而出现。banner 的面积一般较小，不占用过多的页面空间，且不影响页面的浏览，并且带有动听的音乐。一般网页 banner 都是用透明 Flash 动画来制作。本例使用了表格布局，然后为单元格设置背景图像，并在单元格中插入 Flash 动画，最后将 Flash 动画设置为透明。

制作步骤

步骤 01 新建一个网页文档，执行【插入】→【表格】命令，插入一个 2 行 1 列，【宽】设置为 836 像素的表格，在【属性】面板中将其对齐方式设置为【居中对齐】，【填充】和【间距】都设置为 0，如图 6-19 所示。

步骤 02 将光标放置于第 1 行单元格中，将其高度设置为 279，然后单击【代码】按钮切换到代码视图，在 "<td height="279"" 后添加代码 "background="images/xiaos1.gif""，表示将名称为 "xiaos1" 的 gif 图像设置为单元格的背景图像，如图 6-20 所示。

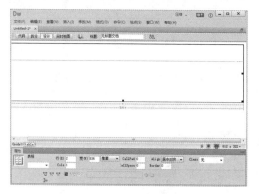

图 6-19 插入表格

图 6-20 添加代码

步骤 03 单击【设计】按钮返回设计视图，可以看到设置了背景图像的单元格效果，如图 6-21 所示。

步骤 04 在表格第 2 行单元格中插入一幅图像（网盘 \ 素材文件 \ 第 6 章 \xiaos2.gif），如图 6-22 所示。

图 6-21 设置背景图像

图 6-22 插入图像

步骤 05　将光标放置于表格第 1 行单元格中，执行【插入】→【媒体】→【Flash SWF】命令，插入一个 Flash 动画到单元格中（网盘＼素材文件＼第 6 章＼xiaos3.swf），如图 6-23 所示。

步骤 06　选中插入的 Flash 动画，单击【属性】面板上的【播放】按钮，可以看到 Flash 动画的背景并不透明，与整个页面不搭配，如图 6-24 所示。

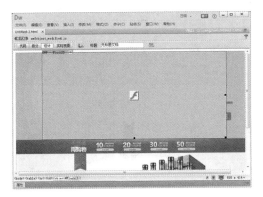

图 6-23　插入动画

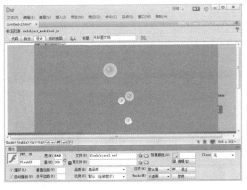

图 6-24　播放动画

步骤 07　保持 Flash 动画的选中状态，在【属性】面板上的【Wmode】下拉列表中选择【透明】选项，如图 6-25 所示，这样就为 Flash 动画设置了透明效果。

步骤 08　执行【文件】→【保存】命令，将文件保存，然后按下【F12】键浏览网页，如图 6-26 所示。

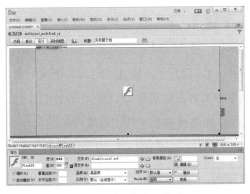

图 6-25　选择【透明】选项

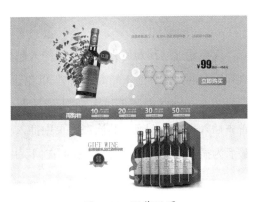

图 6-26　浏览网页

同步训练——制作在线视频教学网页

通过上机实战案例的学习，为了增强读者的动手能力，下面安排一个同步训练案例，让读者达到举一反三、触类旁通的学习效果。

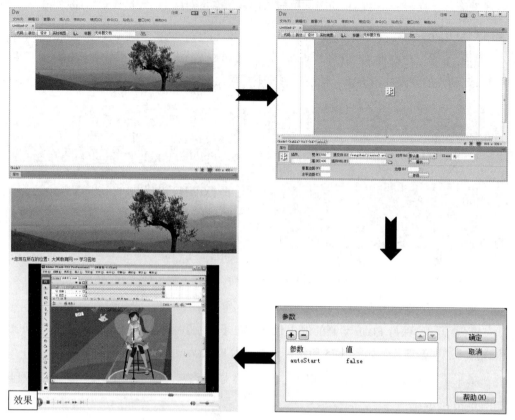

思路分析

现在通过网络观看视频来学习的人越来越多了，要让学习者能认真地学习，该视频文件所在的网页页面不能太过花哨，以免让学习者分心，而且也不能让学习者的眼睛太累。除此之外，视频文件不能过大，也不能过小，要让学习者舒服地观看。本实例在设计制作时，首先插入表格与图像，其次在网页中插入了插件，并选择视频文件，设置视频的大小，最后为插件设置参数，使视频能够在网页中顺利播放。

关键步骤

步骤 01 插入一个 1 行 1 列，宽为 650 像素的表格，然后在表格中插入素材图像（网盘 \ 素材文件 \ 第 6 章 \jiaoxue1.jpg），如图 6-27 所示。

步骤 02 插入一个 2 行 1 列，宽为 650 像素的表格，在第 1 行单元格中插入图标（网盘 \ 素材文件 \ 第 6 章 \jiaoxue2.gif）并输入文字，如图 6-28 所示。

步骤 03 将光标放置于表格第 2 行单元格中，执行【插入】→【媒体】→【插件】命令，在打开的【选择文件】对话框中选择一个视频文件（网盘 \ 素材文件 \ 第 6 章 \jiaoxue3.avi），如图 6-29 所示。完成后单击【确定】按钮。

图 6-27　插入图像　　　　　　　　　图 6-28　输入文字

步骤 04　此时单元格中出现插件图标，选中该图标，在【属性】面板中设置插件的宽为 550，高为 400，如图 6-30 所示。

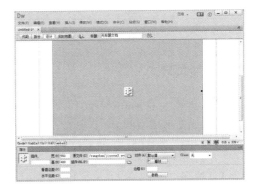

图 6-29　选择文件　　　　　　　　　图 6-30　设置插件大小

步骤 05　单击【属性】面板上的【参数】按钮，打开【参数】对话框，在【参数】下方单击输入【autoStart】，在【值】下方输入【false】，完成后单击【确定】按钮，如图 6-31 所示。

步骤 06　单击【属性】面板上的【页面属性】按钮，打开【页面属性】对话框，将背景颜色设置为灰色（#eeeeee），将【上边距】和【下边距】设置为 0，如图 6-32 所示，完成后单击【确定】按钮。

图 6-31　设置参数　　　　　　　　　图 6-32　设置边距和背景颜色

步骤 07　执行【文件】→【保存】命令，将文件保存，然后按下【F12】键浏览网页，如图 6-33 所示。

图 6-33　浏览网页

知识能力测试

本章讲解了 Dreamweaver CC 中多媒体对象的操作，为了对知识进行巩固和考核，布置以下相应的练习题。

一、选择题

1. 按下快捷键（　　　），可以在网页中插入 Flash 动画。

　　A.【Ctrl+Alt+F】　　B.【Ctrl+F】　　C.【Alt+F】　　D.【Ctrl+Alt+G】

2. 在 Dreamweaver CC 中，插入 Flash 影片需要执行（　　）菜单中的命令。

　　A. 编辑　　　　　　B. 插入　　　　　　C. 查看　　　　　　D. 修改

3. 由于（　　）格式形成的文件极小，加载速度极快，所以许多在线视频网站都采用此视频格式。

　　A. FLV　　　　　　B. AVI　　　　　　C. MP4　　　　　　D. JPG

二、判断题

1. 为网页添加背景音乐的方法一般有两种，一种是通过普通的 < bgsound> 标签来添加，另一种是通过 <em> 标签来添加。　　　　　　　　　　　　　　　　（　　）

2. 执行【插入】→【Flash Video】命令能插入 Flash 动画。　　　　（　　）

3. FLV 是 Flash Video 的简称，FLV 流媒体格式是随着 Flash 的发展而出现的视频格式。　　　　　　　　　　　　　　　　　　　　　　　　　　　　（　　）

三、操作题

1. 新建一个网页，然后为网页添加一个视频。

2. 在文档页面中插入一个表格，并为表格设置背景图像，然后在表格中插入一个 Flash 动画，最后将动画设置为透明。

第 7 章
网页中的超级链接应用
与设置

  网页成为网络中的一员，要归功于超级链接，如果没有超级链接，它就成了孤立文件，无人问津。因此要学习网站设计，应先学习好超级链接的建立。本章就介绍超级链接在网页中的应用。希望读者通过本章内容的学习，能掌握超级链接的创建方法等知识。

学习目标

- 认识超级链接
- 掌握网站内部与外部链接的创建方法
- 掌握创建电子邮件链接的方法
- 掌握创建下载链接的方法
- 掌握创建空链接的方法
- 掌握创建脚本链接的方法

7.1 认识超级链接

超级链接简称超链接，它是网页中用于从一个页面跳转到另一个页面或从页面中的一个位置跳转到另一个位置的途径和方式。超级链接使得一个独立的页面与庞大的网络紧密相联，通过任何一个页面都可以直达链接的其他页面。正是超级链接的广泛应用，才使得 Internet 成为四通八达的信息网络。可以说，超级链接是网络最显著的特点。

超级链接的表现形式有多种，如文本链接、图像链接、多媒体链接等，但它们在实质上非常类似。

7.1.1 URL 简介

URL（Universal Resource Location，统一资源定位器）是 Internet 上用来描述信息资源的字符串。一个 URL 分为 3 部分：协议代码、装有所需文件的计算机地址和主机资源的具体地址。

- Internet 资源类型（scheme）：指出 WWW 客户程序用来操作的工具。如"http://"表示 WWW 服务器，"ftp://"表示 FTP 服务器，"gopher://"表示 Gopher 服务器，而"new:"表示 Newgroup 新闻组。
- 服务器地址（host）：指出 WWW 页所在的服务器域名。
- 端口（port）：对某些资源的访问来说，需给出相应的服务器提供端口号。
- 路径（path）：指明服务器上某资源的位置。

URL 地址格式排列为：scheme://host:port/path，例如，http://www.try.org/pub/HXWZ 就是一个典型的 URL 地址。客户程序首先看到 http（超文本传送协议），便知道处理的是 HTML 链接。接下来的 www.try.org 是站点地址，最后是目录 pub/HXWZ。而对于 ftp://ftp.try.org/pub/HXWZ/cm9612a.GB，WWW 客户程序需要用 FTP 去进行文件传送，站点是 ftp.try.org，然后在目录 pub/HXWZ 中下载文件 cm9612a.GB。

如果上面的 URL 是 ftp: //ftp. try. org:8001/pub/HXWZ/cm9612a.GB，则 FTP 客户程序将从站点 ftp.try.org 的 8001 端口连入。

温馨
提示
WWW 上的服务器都是区分大小写字母的，所以，千万要注意正确的 URL 大小写表达形式。

7.1.2 超级链接路径

超级链接的方式有相对链接和绝对链接两种。超级链接的路径即是 URL 地址。完整的 URL 路径为：http://www.snsp.com:1025/support/retail/contents.html#hello。

当制作本地链接（即同一个站点内的链接）时，无须指明完整的路径，只需指出目标端点在站点根目录中的路径，或与链接源端点的相对路径。当两者位于同一级子目录中时，只需指明目标端点的文件名。

一个站点中经常遇到以下 3 种类型的文件路径。

- 绝对路径（如 http://www.macromedia.com/support/dreamweaver/contents.htm）。
- 相对于文档的路径（如 contents.html）。
- 相对于根目录的路径（如 /web/contents.html）。

1．绝对路径

绝对路径提供链接目标端点所需的完整 URL 地址。绝对路径常用于在不同的服务器端建立链接。如希望链接其他网站上的内容，就必须使用绝对路径进行链接，如要将"新浪"文本链接到新浪网站，这时就需要绝对路径：http://www.sina.com.cn。

采用绝对路径的优点是它与链接的源端点无关。只要网站的地址不变，不管链接的源端文件在站点中如何移动，都能实现正常的链接。

其缺点就是不方便测试链接，如要测试站点中的链接是否有效，则必须在 Internet 服务器上进行测试。并且绝对链接不利于站点文件的移动，当链接目标端点中的文件位置改变后，与该文件存在的所有链接都必须进行改动，否则链接失效。

绝对路径的情况有以下几种。

- 网站间的链接：如 http://www.cdsixian.cn。
- 链接 FTP：如 ftp://192.168.1.11。
- 文件链接：如 file://d:/ 网站 /web/index1.html。

2．相对于文档的路径

相对链接用于在本地站点中的文档间建立链接。使用相对路径时不需给出完整的 URL 地址，只需给出源端点与目标端点不同的部分。在同一个站点中都采用相对链接。当链接的源端点和目标端点的文件位于同一目录下时，只需要指出目标端点的文件名即可。当不在同一个父目录下时，需将不同的层次结构表述清楚，每向上进一级目录，就要使用一次"/"符号，直到相同的一级目录为止。

例如，源端文件 aa.htm 的地址为：…/web/chan/aa.htm，目标端文件名是 aa2.htm，其地址为：…/web/chan/aa2.htm，它们有相同的父目录 web/chan，则它们之间的链接只需要指出文件名 aa2.htm 即可。但如果链接的目标端文件地址为：…/web/chan2/aa2.htm，则链接的相对地址应记为：chan/aa2.htm。

由上可知，相对路径间的相互关系并没有发生变化，因此当移动整个文件夹时就不用更新该文件夹内使用基于文档相对路径建立的链接。但如果只是移动其中的某个文件，则必须更新与该文件相链接的所有相对路径。

如果要在新建的文档中使用相对链接，那么必须在链接前先保存该文档，否则 Dreamweaver 使用绝对路径。

3．相对于根目录的路径

站点根目录相对路径是绝对路径和相对路径的折衷。它的所有路径都从站点的根目录开始表示，通常用"/"表示根目录，所有路径都从该斜线开始。例如，/web/aal.htm，其中，aal.htm 是文件名，web 是站点根目录下的一个目录。

基于根目录的路径适合于站点中的文件需要经常移动的情况。当移动的文件或更名的文件含有基于根目录的链接时，相应的链接不用进行更新。但是，如果移动的文件或更名的文件是基于根目录链接的目标端点时，需对这些链接进行更新。

7.2　网站内部与外部链接

下面介绍网站内部链接和外部链接的知识。

7.2.1　网站内部链接

一个网站通常会包含多个网页，各个网页之间可以通过内部链接使得彼此之间产生联系。在 Dreamweaver 中，可以为文本或图片创建内部链接。设置内部链接的具体步骤如下。

步骤 01　选定要建立超级链接的文本或图像，打开【属性】面板，单击【链接】文本框右侧的文件夹图标，如图 7-1 所示。

图 7-1　单击文件夹图标

> **温馨提示**
> 在【属性】面板上的【链接】文本框中直接输入要链接内容的路径也可建立链接。

步骤 02　打开【选择文件】对话框，选择一个需要链接的文件，完成后单击【确定】按钮，如图 7-2 所示。

步骤 03　经过以上操作便建立了链接，默认链接的文字以蓝色显示，还带有下画线，如图 7-3 所示。

图 7-2 【选择文件】对话框

设置内部链接

图 7-3 添加了链接的文字

7.2.2 网站外部链接

网站的外部链接就是指用户将自己制作的网页与 Internet 建立的链接。例如，要将页面中的文字与网易网站的主页建立超级链接，具体的操作方法与建立网站内部链接相同，只需选中网页中需要建立超级链接的文本，打开【属性】面板，在【链接】文本框中输入"http://www.163.com"即可。完成后单击设置了链接的文本，就可以跳转到网易网站的主页。

7.3 创建超级链接

下面介绍创建各种超级链接的方法。

7.3.1 创建电子邮件链接

电子邮件链接是一种特殊的链接，使用 mailto 协议。在浏览器中单击邮件链接时，将启动默认的邮件发送程序，该程序是与用户浏览器相关联的。在电子邮件消息窗口中，"收件人"域自动更新为显示电子邮件链接中指定的地址。创建电子邮件链接的操作步骤如下。

步骤 01 将光标放至需要插入电子邮件地址的位置。

步骤 02 执行【插入】→【电子邮件链接】命令，打开【电子邮件链接】对话框，如图 7-4 所示。

步骤 03 在【文本】文本框中输入邮件链接要显示在页面上的文本；在【电子邮件】文本框中输入要链接的邮箱地址，如图 7-5 所示。

步骤 04 单击【确定】按钮，邮件链接就加到了当前文档中。

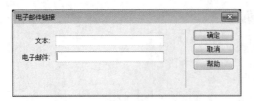

图 7-4　【电子邮件链接】对话框　　　　图 7-5　输入文本及电子邮件地址

7.3.2　创建下载链接

当用户希望浏览者从自己的网站上下载资料时，就需要为文件提供下载链接。网站中的每个下载文件都必须对应一个下载链接。建立下载链接的操作步骤如下。

步骤 01　在文档中选中指示下载文件的文本，如图 7-6 所示。

步骤 02　打开【属性】面板，单击【链接】文本框右侧的文件夹按钮□，打开【选择文件】对话框，如图 7-7 所示。在对话框中选择要链接的文件，这里选择的文件扩展名为 .rar。然后单击【确定】按钮，下载链接就建立好了。

图 7-6　选中指示下载文件的文本　　　　图 7-7　选择要链接的文件

步骤 03　保存文件，按下【F12】键浏览网页，单击链接文字，将弹出如图 7-8 所示的【新建下载任务】对话框，单击【下载】按钮即可下载文件。

图 7-8　浏览网页

7.3.3 创建空链接

我们有时制作网页只是为了测试一下页面，只需要文本、图片等像是被加上了超级链接（而不一定非得是设置具体的链接）。这时，我们就需要创建空链接。创建空链接的操作步骤如下。

步骤 01 选中需要创建空链接的文本，如图 7-9 所示。

图 7-9 选中文本

步骤 02 在【属性】面板上的【链接】文本框里输入"#"，如图 7-10 所示。这就为"娱乐网站"这几个字创建了空链接。

图 7-10 在【链接】文本框里输入"#"

步骤 03 按照同样的方法为其他文本创建空链接。按下【F12】键浏览网页，如图 7-11 所示。我们看到将光标指向链接对象，光标会变成小手形状。这像是创建了超级链接的情形，其实它并不链接到任何网页及对象。

图 7-11 创建空链接

7.3.4 创建脚本链接

脚本链接执行 JavaScript 代码或调用 JavaScript 函数。它非常有用，能够在不离开当前网页的情况下，为访问者提供有关某项的附加信息。创建脚本链接的具体操作如下。

步骤 01 在文档窗口中选择要创建脚本链接的文本、图像或其他对象，在【链接】文本框中输入 javascript，并在后面添加一些 JavaScript 代码或函数调用。例如，这里输入 javascript:alert(' 欢迎您来访问 ')，如图 7-12 所示。

步骤 02 保存文件，按【F12】键浏览网页，当单击文本时，会弹出如图 7-13 所示的对话框。

图 7-12 输入代码

图 7-13 提醒对话框

课堂范例——创建外卖网页

步骤 01 新建一个网页文件，执行【插入】→【表格】命令，插入一个 2 行 2 列、【宽】设置为 800 像素的表格，在【属性】面板中将其对齐方式设置为【居中对齐】，【填充】和【间距】都设置为 0，如图 7-14 所示。

步骤 02 选中表格左列的两行单元格，在【属性】面板上将单元格的背景颜色设置为咖啡色（#54382C），如图 7-15 所示。

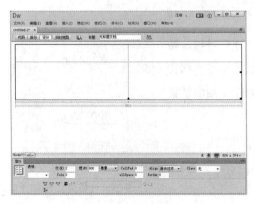

图 7-14 插入表格

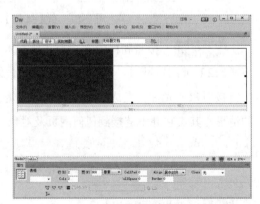

图 7-15 设置背景颜色

步骤 03 在表格左列的第 1 行单元格中输入英文 FLOWER，文字【大小】设置为

21 像素，颜色为白色，如图 7-16 所示。

步骤 04 将光标放置于表格左列的第 2 行单元格中，执行【插入】→【表格】命令，插入一个 6 行 1 列、【宽】设置为 70%、【边框粗细】设置为 0 的表格，并在【属性】面板中将对齐方式设置为【居中对齐】，【填充】和【间距】都设置为 0，如图 7-17 所示。

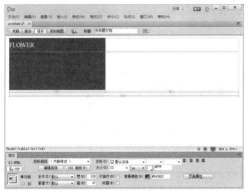

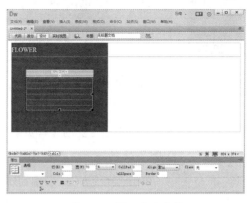

图 7-16　输入文字

图 7-17　插入嵌套表格

步骤 05 分别在嵌套表格的各个单元格中输入文字，文字【大小】设置为 12 像素，颜色为白色，如图 7-18 所示。

步骤 06 将右列第 1 行单元格拆分为两列，把拆分后的左列单元格的背景颜色设置为黑色（#201F1B），然后在单元格中插入一幅图标图像（网盘 \ 素材文件 \ 第 7 章 \waimai1.jpg），最后在图标的右侧输入文字，如图 7-19 所示。

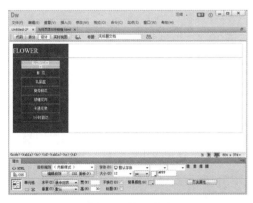

图 7-18　输入文字

图 7-19　输入文字并插入图标图像

步骤 07 将光标置于表格右列第 2 行单元格中，执行【插入】→【图像】→【图像】命令，在单元格中插入一幅图像（网盘 \ 素材文件 \ 第 7 章 \waimai2.jpg），如图 7-20 所示。

步骤 08 在网页中插入一个 1 行 1 列、【宽】设置为 800 像素的表格，在【属性】面板中将其对齐方式设置为【居中对齐】，【填充】和【间距】都设置为 0，然后在表格中插入一幅图像（网盘 \ 素材文件 \ 第 7 章 \waimai3.jpg），如图 7-21 所示。

图 7-20　插入图像 1

图 7-21　插入图像 2

步骤 09　选择文档左侧的【首页】文字，在【属性】面板上的【链接】文本框中输入"#"，如图 7-22 所示，这就为【首页】文字创建了空链接。

步骤 10　按照同样的方法，分别为嵌套表格中的其他文字创建空链接，单击【属性】面板上的【页面属性】按钮，打开【页面属性】对话框。在【分类】列表框中单击【链接（CSS）】选项，然后把【链接颜色】与【已访问链接】的颜色都设置为白色（#FFFFFF），如图 7-23 所示。

图 7-22　设置空链接

图 7-23　设置链接属性

步骤 11　执行【文件】→【保存】命令，保存文档，然后按【F12】键浏览网页，如图 7-24 所示。可以看到将光标指向链接对象时，光标会变成小手形状，这就是创建了超级链接的状态，但实际上这些链接并不链接到任何网页或对象。

图 7-24　浏览网页

课堂范例——创建网页对浏览者的提示信息

步骤 01　新建一个网页文件，执行【插入】→【表格】命令，插入一个 2 行 1 列、【宽】设置为 1199 像素的表格，在【属性】面板中将其对齐方式设置为【居中对齐】，【填充】和【间距】都设置为 0，如图 7-25 所示。

步骤 02　分别在表格的两行单元格中插入图像（网盘 \ 素材文件 \ 第 7 章 \xinxi1.png、xinxi2.png），如图 7-26 所示。

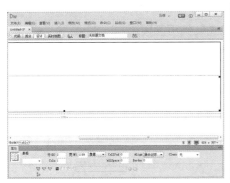

图 7-25　插入表格

图 7-26　插入图像

步骤 03　单击【属性】面板上的【矩形热点工具】，在第 2 行单元格中的图像上创建矩形热区，如图 7-27 所示。

步骤 04　在【属性】面板上的【链接】文本框中输入"javascript:alert(' 恭喜您获得全场 5 折购物券 1 张 ')"，如图 7-28 所示。

图 7-27　创建矩形热区

图 7-28　输入 javascript 代码

步骤 05　执行【文件】→【保存】命令，保存文档，然后按【F12】键浏览网页，当单击促销文字时，会弹出如图 7-29 所示的对话框。

图 7-29　浏览网页

课堂问答

通过本章的讲解，读者对网页中的超级链接有了一定的了解，下面列出一些常见的问题供学习参考。

问题❶：能直接在【属性】面板中创建电子邮件链接吗？

答：能，使用【属性】面板创建电子邮件链接的方法是在文档窗口中选择文本或图像，在【属性】面板的【链接】文本框中输入 mailto:，后面跟电子邮件地址。在冒号和电子邮件地址之间不能键入任何空格。例如，输入 mailto:2313@sina.com。

问题❷：怎样才能使单击空链接时页面不自动跳转到页面顶端？

答：在浏览器里浏览网页时，单击空链接，页面会自动重置到页面顶端，这样会打乱用户对网页的正常浏览，可能会使用户关闭网页。

要杜绝这种情况，只需在创建空链接时，在【链接】文本框里不输入"#"，而是输入"javascript:void（null）"。

上机实战——在网页中下载和发送电子邮件

通过本章的学习，为了让读者巩固本章知识点，下面讲解一个技能综合案例，使大家对本章的知识有更深入的了解。

效果展示

思路分析

大新石材公司推出了一批新产品，需要将产品资料放在网站上给用户下载，并且用户有什么好的建议可以直接发送电子邮件到公司客服部门邮箱中，当需要客户从大新石材公司的网站上下载资料时，就需要为文件提供下载链接。通过设置下载链接可以指向产品资料，让客户直接进行下载；如果用户的建议需要直接发送电子邮件到公司客服部门邮箱中，可以通过创建电子邮件链接来直接调用发送电子邮件的程序给公司客服部门发送邮件。

本例首先插入表格，再在表格中插入图像，然后通过表格与嵌套表格来制作网页主体部分，最后通过创建电子邮件链接与下载链接来实现用户在网站上下载产品资料和给公司客服部门发送电子邮件的效果。

制作步骤

步骤 01 新建一个网页文档，执行【插入】→【表格】命令，插入一个 2 行 1 列、【宽】设置为 978 像素的表格，在【属性】面板中将其对齐方式设置为【居中对齐】，【填充】和【间距】都设置为 0，如图 7-30 所示。

步骤 02 在表格第 1 行单元格中插入一幅素材图像（网盘\素材文件\第 7 章\youjian1.png），如图 7-31 所示。

图 7-30 插入表格

图 7-31 插入图像

步骤 03 将表格第 2 行单元格拆分为 6 列，然后将这 6 列单元格的背景颜色都设置为深灰色（#212A27），如图 7-32 所示。

步骤 04 分别在拆分后的 6 列单元格中输入文字，文字颜色为白色，如图 7-33 所示。

图 7-32 设置背景颜色

图 7-33 输入文字

步骤 05 选中文字【联系我们】，执行【插入】→【电子邮件链接】命令，打开【电子邮件链接】对话框，在对话框上的【电子邮件】文本框中输入电子邮箱地址，完成后单击【确定】按钮，如图 7-34 所示。

步骤 06 选中文字【产品资料】，进入【属性】面板，单击【链接】文本框右侧的 按钮，打开【选择文件】对话框，在对话框中选择要链接的文件，如图 7-35 所示。

图 7-34　设置电子邮件链接

图 7-35　选择文件

步骤 07 单击【属性】面板上的【页面属性】按钮，打开【页面属性】对话框，将【上边距】与【下边距】都设置为 0，如图 7-36 所示。

步骤 08 在【分类】列表框中单击【链接（CSS）】选项，然后把【链接颜色】与【已访问链接】的颜色都设置为白色（#FFFFFF），在【下划线样式】下拉列表中选择【始终无下划线】选项，完成后单击【确定】按钮，如图 7-37 所示。

图 7-36　设置边距

图 7-37　设置链接颜色

步骤 09 执行【文件】→【保存】命令，将文件保存，然后按【F12】键浏览网页，如图 7-38 所示。

图 7-38　浏览网页

同步训练——使用超级链接为网页图像添加不同颜色的边框

通过上机实战案例的学习，为了增强读者的动手能力，下面安排一个同步训练案例，让读者达到举一反三、触类旁通的学习效果。

图解流程

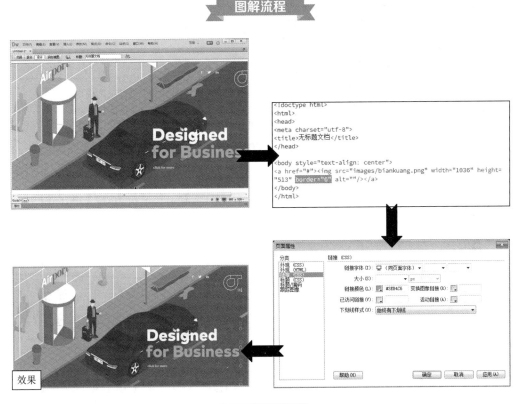

效果

思路分析

本例制作一个为网页图像添加任意颜色边框的效果。首先插入图像，然后设置为图像添加空链接，最后设置边框大小并设置颜色。

关键步骤

步骤 01 新建一个网页文件，在【属性】面板中单击【居中对齐】按钮 ，使光标居中对齐，然后执行【插入】→【图像】→【图像】命令，在文档中插入一幅图像（网盘 \ 素材文件 \ 第 7 章 \biankuang.png），如图 7-39 所示。

步骤 02 选中插入的图像，在【属性】面板上的【链接】文本框中输入 "#"，即可为图像添加空链接，单击 代码 按钮，切换到代码视图，在 "< img src= "images/biankuang.png" width="1036" height="513"" 后添加代码 "border="6""，表示图像的边框为 6 像素，如图 7-40 所示。

图 7-39　插入图像

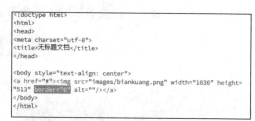

图 7-40　添加代码

步骤 03　单击【属性】面板上的【页面属性】按钮，打开【页面属性】对话框，选择【链接（CSS）】选项，为图片设置需要的链接颜色，本例选择蓝色（#3EB4C6），如图 7-41 所示，完成后单击【确定】按钮。

步骤 04　执行【文件】→【保存】命令，将文件保存，然后按【F12】键浏览网页，如图 7-42 所示。

图 7-41　设置链接颜色

图 7-42　浏览网页

📝 知识能力测试

本章讲解了 Dreamweaver CC 中超级链接的操作，为了对知识进行巩固和考核，布置以下相应的练习题。

一、填空题

1．一个 URL 分为 3 部分：＿＿＿＿、＿＿＿＿和＿＿＿＿。

2．网站的外部链接就是指用户将自己制作的网页与＿＿＿＿建立的链接。

3．选择文字后，在【属性】面板上的【链接】文本框里输入＿＿＿＿，可为文字创建空链接。

二、操作题

1．在文档页面中插入电子邮件链接，并在电子邮件地址中输入自己的电子邮箱。

2．在文档页面中输入"网易网站" 4 个字，并将其链接到网易网站（www.163.com）。

CC
DREAMWEAVER

第 8 章
模板和库的应用与管理

在一个大型的网站中一般会有几十个甚至上百个风格基本相似的页面，在制作时如果对每一个页面都设置页面结构，以及导航条、版权信息等网页元素，其工作量是相当大的。而通过 Dreamweaver CC 中的模板与库就极大地简化了操作。本章主要介绍了模板与库的知识，希望读者通过本章内容的学习，能够理解模板与库的概念，掌握模板与库的编辑操作和应用。

学习目标

- 模板和库的概念
- 使用模板
- 定制库项目
- 使用模板制作网页
- 使用库完善网页

8.1 模板和库的概念

8.1.1 模板的概念

模板是制作其他网页文档时使用的基本文档，一般在制作统一风格的网页时会经常使用该功能。在 Dreamweaver CC 中，模板能够帮助设计者快速制作出一系列具有相同风格的网页。制作模板与制作普通的网页相同，只是不把网页的所有部分都制作完成，而是把导航条和标题栏等各个页面共有的部分制作出来，把其他部分留给各个页面安排设置具体的内容。

8.1.2 库的概念

库是指将页面中的导航条、版权信息、公司商标等常用的构成元素转换为库保存起来，在需要的时候调用。

在 Dreamweaver CC 中允许将网站中需要重复使用或需要经常更新的页面元素（如图像、文本、版权信息等）存入库中，存入库中的元素称为库项目。它包含已创建并且便于放在 Web 上的单独资源或资源副本的集合。

当页面需要时，可以把库项目拖放到页面中。此时 Dreamweaver CC 会在页面中插入该库项目的 HTML 代码的复制，并创建一个对外部库项目的引用（即对原始库项目的应用的 HTML 注释）。这样，如果对库项目进行修改并使用更新命令，即可实现整个网站各页面上与库项目相关内容的更新。

8.2 使用模板

8.2.1 创建模板

创建模板一般有两种方法：一种是可以新建一个空白模板，另一种是可以从某个页面生成一个模板。

1．新建一个空白模板

使用 Dreamweaver 创建一个空白模板，具体操作如下。

步骤 01 执行【窗口】→【资源】命令，打开【资源】选项卡，如图 8-1 所示。

步骤 02 单击【资源】选项卡左下部的模板🔲按钮，进入【模板】选项卡，如图 8-2 所示。

图 8-1 【资源】选项卡

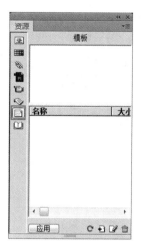

图 8-2 【模板】资源

步骤 03 单击【资源】选项卡右上角的按钮，在弹出的快捷菜单中选择【新建模板】命令，如图 8-3 所示；或单击【资源】选项卡右下角的新建模板🔳按钮，这时面板上添加了一个未命名的模板，如图 8-4 所示。

图 8-3 选择【新建模板】命令

图 8-4 新建模板

步骤 04 输入模板名称，如【muban1】，按下【Enter】键确定，如图 8-5 所示。完成新建空白模板的创建。

2．将文档保存为模板

Dreamweaver 中也可以将当前正在编辑的页面或已经完成的页面保存为模板，具体操作如下。

步骤 01 打开要保存为模板的页面文件。

步骤 02 执行【文件】→【另存为模板】命令，打开【另存模板】对话框，如图 8-6 所示。

图 8-5 输入模板名称   图 8-6 【另存模板】对话框

步骤 03 在【站点】下拉列表中选择一个站点，在【现存的模板】文本框中显示的是当前站点中存在的模板，在【另存为】文本框中输入创建模板的名称。

步骤 04 单击【保存】按钮，保存设置，系统将自动在站点文件夹下创建模板文件夹【Templates】，并将创建的模板保存到该文件夹中。

温馨提示
  如果站点中没有 Templates 文件夹，在保存新建模板时将自动创建该文件夹。不要将模板移动到 Templates 文件夹之外，也不要将非模板文件放在 Templates 文件夹中，也不能将 Templates 文件夹移动到本地站点文件夹之外，否则将使模板中的对象或链接路径发生错误。

8.2.2 设计模板

要对创建好的空白模板或现有模板进行编辑，具体操作如下。

步骤 01 打开【资源】选项卡，单击模板按钮 📄 。

步骤 02 在【模板】选项卡中用鼠标左键双击模板名，或在【模板】选项卡的右下角单击 📝 按钮，即可打开模板编辑窗口。

步骤 03 根据需要，编辑和修改打开的文档。

步骤 04 编辑完毕后，执行【文件】→【保存】命令，保存模板文档。

如果要重命名模板，可以在【资源】选项卡中选中需要重命名的模板并单击鼠标右键，在弹出的快捷菜单中选择【重命名】命令，然后输入新的模板名称即可。

当模板的文件名称被修改后,会弹出一个【更新文件】对话框,如图8-7所示。单击【更新】按钮将更新所有应用模板的文档。

要删除模板,可以先选中要删除的模板,然后单击【资源】面板右下方的【删除】按钮 🗑 ,或在想要删除的模板上单击鼠标右键,在弹出的快捷菜单中选择【删除】命令,系统会弹出一个消息对话框,单击【是】按钮,即可删除模板,如图8-8所示。

图 8-7 【更新文件】对话框 　　　　图 8-8 删除模板对话框

8.2.3 定义模板区域

Dreamweaver 中共有 4 种类型的模板区域,即可编辑区域、重复区域、可选区域和可编辑标记属性。

● 可编辑区域:是基于模板的文档中的未锁定区域,它是模板用户编辑的部分,用户可以将模板的任何区域定义为可编辑的。要让模板生效,它应该至少包括一个可编辑区域,否则,基于该模板的页面将无法编辑。

● 重复区域:是文档中设置为重复的部分。例如,可以重复一个表格行。通过重复表格行,可以允许模板用户创建扩展列表,同时使设计处于模板创作者的控制之下。在基于模板的文档中,可以使用重复区域控制选项添加或删除重复区域的复制。可以在模板中插入两种类型的重复区域:重复区域和重复表格。

● 可选区域:是设计的在模板中定义为可选的部分,用于保存有可能在基于模板的文档中出现的内容(如可选文本或图像)。在基于模板的页面上,通常由内容编辑器控制内容是否显示。

● 可编辑标记属性:使用户可以在模板中解锁标记属性,以便该属性可以在基于模板的页面中编辑。例如,可以"锁定"在文档中出现的图像,但让页面创作者将对齐设为左对齐、右对齐或居中对齐。

1.定义可编辑区

在模板文件上,用户可以指定哪些元素可以修改,哪些元素不可以修改,即设置可编辑区和不可编辑区。可编辑区是指在一个页面中可以更改的部分,不可编辑区是指在所在页面中不可更改的部分。

定义可编辑区域时可以将整个表格或单独的表格单元格标记为可编辑的，但不能将多个表格单元格标记为单个可编辑区域。如果"td"标签被选中，则可编辑区域中包括单元格周围的区域；如果未选中，则可编辑区域将只影响单元格中的内容。

层和层内容是单独的元素。层可编辑是指可以更改层的位置及内容；而层的内容可编辑时则只能改变层的内容而不是位置。若要选择层的内容，应将光标移至层内，再执行【编辑】→【全选】命令。若要选中该层，则应确保显示了不可见元素，然后再单击层的标记图标。

定义可编辑区域的具体操作步骤如下。

步骤 01 将光标放到要插入可编辑区的位置。

步骤 02 执行【插入】→【模板对象】→【可编辑区域】命令；或者按下快捷键【Ctrl+Alt+V】，打开【新建可编辑区域】对话框，如图8-9所示。

步骤 03 为了方便查看，在【名称】文本框中输入有关可编辑区域的说明，例如，"此处为可编辑区域"。

步骤 04 单击【确定】按钮，即可在光标位置插入可编辑区域，如图8-10所示。

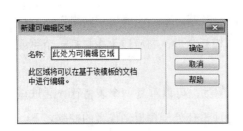

图8-9 【新建可编辑区域】对话框

图8-10 插入可编辑区域

步骤 05 插入可编辑区后，可以发现状态栏上出现 `mmtemplate:editable` 标签项，如图8-11所示。

`<body>` `<mmtemplate:editable>`　　　　　　　　575 x 308

图8-11 状态栏上出现可编辑区域标签项

步骤 06 单击该标签项，可以选定可编辑区域，按下【Delete】键，可以删除可编辑区域。

2. 定义可选区域

使用可选区域可以控制不一定基于模板的文档中显示的内容。可选区域是由条件语句控制的，它位于单词if之后。根据模板中设置的条件，用户可以定义该区域在自己创建的页面中是否可见。

可编辑的可选区域让模板用户可以在可选区域内编辑内容。例如，如果可选区域中包括文本图像，模板用户即可设置此内容是否显示，并根据需要对该内容进行编辑。可编辑区域是由条件语句控制的，用户可以在【新建可选区域】对话框中创建模板参数和表达式，或通过在"代码"视图中输入参数和条件语句来创建。

定义可选区域的具体操作步骤如下。

步骤 01 将光标放到要定义可选区域的位置。

步骤 02 执行【插入】→【模板对象】→【可选区域】命令，打开【新建可选区域】对话框，如图 8-12 所示。

步骤 03 在【名称】文本框中输入可选区域的名称。

步骤 04 选中【默认显示】复选框，可以设置要在文档中显示的选定区域。

步骤 05 选择【高级】选项卡，如图 8-13 所示。

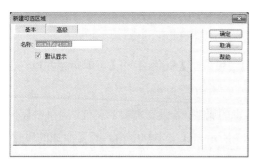

图 8-12 【新建可选区域】对话框　　　　图 8-13 【高级】选项卡

步骤 06 选择【使用参数】单选项，在右边的下拉列表中选择要与选定内容链接的现有参数。

步骤 07 选择【输入表达式】单选项，然后在下面的组合框中输入表达式内容。

步骤 08 单击【确定】按钮，即可在模板文档中插入可选区域。

3. 定义重复区域

重复区域是可以根据需要在基于模板的页面中复制多次的模板部分。重复区域通常用于表格，但也可以为其他页面元素定义重复区域。

重复区域不是可编辑区域。若要使重复区域中的内容可编辑（例如，让用户可以在表格单元格中输入文本），必须在重复区域内插入可编辑区域。

在模板中定义重复区域的具体操作步骤如下。

步骤 01 将光标放到要定义重复区域的位置。

步骤 02 执行【插入】→【模板对象】→【重复区域】命令，打开【新建重复区域】对话框，如图 8-14 所示。

步骤 03 在【名称】文本框中输入重复区域的提示信息，单击【确定】按钮，即可在光标处插入重复区域，如图 8-15 所示。

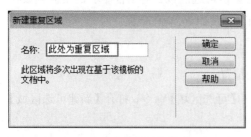

图 8-14 【新建重复区域】对话框

图 8-15 插入重复区域

4．定义可编辑标签属性

用户可以为一个页面元素设置多个可编辑属性。定义可编辑标签属性的具体操作步骤如下。

步骤 01 选定要设置可编辑标签属性的对象。

步骤 02 执行【修改】→【模板】→【令属性可编辑】命令，打开【可编辑标签属性】对话框，如图 8-16 所示。

步骤 03 在【属性】下拉列表中选择可编辑的属性，若没有需要的属性，则单击【添加】按钮，打开 Dreamweaver 对话框，如图 8-17 所示。在文本框中输入想要添加的属性名称，单击【确定】按钮。

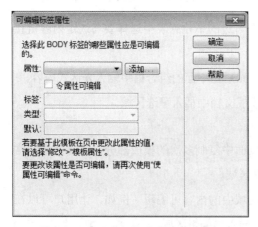

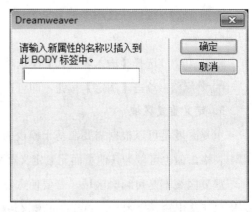

图 8-16 【可编辑标签属性】对话框

图 8-17 Dreamweaver 对话框

步骤 04 选中【令属性可编辑】复选框，在【标签】文本框中输入标签的名称。

步骤 05 从【类型】下拉列表中选择该属性允许具有的值的类型。

步骤 06 在【默认】文本框中输入所选标签属性的值。

步骤 07 完成后单击【确定】按钮。

8.3　定制库项目

　　库用来存储网站中经常出现或重复使用的页面元素。简单地说，库主要用来处理重复出现的内容。例如，每一个网页都会使用版权信息，如果一个个地设置就会十分烦琐。这时可以将其收集在库中，使之成为库项目，当需要这些信息时，直接插入该项目即可。而且使用库比使用模板具有更大的灵活性。

8.3.1　创建库项目

　　在 Dreamweaver 中，用户可以为网页中 <body> 部分中的任意元素创建库项目，这些元素包括文本、图像、表格表单、插件、导航条等。库项目的文件扩展名为".lbi"，所有的库项目都被默认放置在文件夹"站点文件夹 /Library"内。

　　对于链接项（比如图像），库只存储对该项的引用。原始的文件必须保留在指定的位置才能使库项目正确工作。

　　在库项目中存储图像还是非常有用的。例如，在库项目中可以存储一个完整的 <img> 标签，它将使用户方便地在整个站点中更改图像的"alt"文本，甚至更改它的"src"属性。

　　在网页文档窗口中，选定要创建成库项目的元素，执行【窗口】→【资源】命令，打开【资源】选项卡，单击 按钮，打开【库】面板，将选择的对象拖入库选项窗口中，如图 8-18 所示。

图 8-18　新建库项目

> **温馨提示**
>
> 　　选中要添加的对象，然后执行【修改】→【库】→【增加对象到库】命令，也能创建库项目。

8.3.2　库项目【属性】面板

　　通过库项目的【属性】面板，可以设置库项目的源文件、编辑库项目等。在页面中选中已插入的库项目，库项目的【属性】面板如图 8-19 所示。

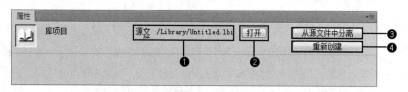

图 8-19　库项目的【属性】面板

❶ 源文件	表示当前库项目源文件的路径和文件名
❷ 打开	单击该按钮，可以打开库项目的源文件，并对其进行编辑和修改
❸ 从源文件中分离	单击该按钮，弹出如图 8-20 所示的对话框，使库项目同它的源文件分离，可以直接编辑其中的内容 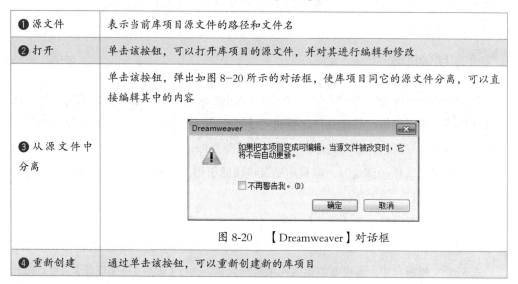 图 8-20　【Dreamweaver】对话框
❹ 重新创建	通过单击该按钮，可以重新创建新的库项目

8.3.3　编辑库项目

编辑库项目包括更新库项目、重命名项目名、删除库项目和编辑库项目中的行为。

1．更新库项目

更新库项目的具体操作如下。

步骤 01　执行【修改】→【库】→【更新页面】命令，打开【更新页面】对话框，如图 8-21 所示。

图 8-21　【更新页面】对话框

步骤 02　在【更新】区域中勾选【库项目】复选项，可以更新站点中所有的库项目，选中【模板】复选项，可以更新站点中的所有模板。

步骤 03　单击【开始】按钮，开始更新。更新完毕后，单击【关闭】按钮。

2. 重命名库项目

重命名库项目即表示将库项目的名称重新命名，其操作步骤如下。

步骤 01 选定库面板上要命名的项目。

步骤 02 单击面板右上角的下拉按钮，在弹出的快捷菜单中选择【重命名】命令，如图 8-22 所示。或在库项目上单击鼠标右键，在弹出的快捷菜单中选择【重命名】命令。

步骤 03 输入新的名称，按下【Enter】键确认即可，如图 8-23 所示。

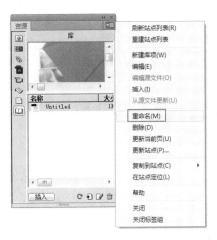

图 8-22 选择【重命名】命令

图 8-23 输入新的名称

3. 删除库项目

删除库项目的具体操作如下。

步骤 01 在库面板中选择要删除的库项目。

步骤 02 单击右上角的下拉按钮，在弹出的快捷菜单中选择【删除】命令，如图 8-24 所示。

步骤 03 在弹出的对话框中单击【是】按钮，如图 8-25 所示。

图 8-24 选择【删除】命令

图 8-25 确认删除库项目

课堂范例——在网页中添加库项目

步骤 01 在 Dreamweaver CC 中打开一个素材文件（网盘 \ 素材文件 \ 第 8 章 \ 素材 -8.html），如图 8-26 所示。

步骤 02 选中文档中的图像，执行【修改】→【库】→【增加对象到库】命令，弹出【库】选项卡，将库项目命名为"库 1"，如图 8-27 所示。

图 8-26 打开素材文件

图 8-27 命名库项目

步骤 03 新建一个网页文件，打开【库】选项卡，选中"库 1"，单击【插入】按钮，即可将选中的库项目插入到网页中，如图 8-28 所示。

步骤 04 执行【文件】→【保存】命令，保存文档，然后按【F12】键浏览网页，如图 8-29 所示。

图 8-28 插入库项目

图 8-29 浏览网页

课堂问答

通过本章的讲解，读者对网页中的模板与库有了一定的了解，下面列出一些常见的问题供学习参考。

问题 ❶：模板的优点是什么？

答：模板实质上就是作为创建其他文档的基础文档，模板具有以下几个优点。

第 1 点：能使网站的风格保持一致。

第 2 点：有利于网站建成以后的维护，在修改共同的页面元素时不必每个页面都修改，只要修改应用的模板就可以了。

第 3 点：极大地提高了网站制作的效率，同时省去了许多重复的劳动。

模板也不是一成不变的，即使在已经使用一个模板创建文档之后，也还可以对该模板进行修改，在更新模板创建的页面时，页面中所对应的内容也会被更新，而且与模板的修改相匹配。

问题 ❷：如何删除模板的可编辑区域？

答：在文档中选中该区域，然后执行【修改】→【模板】→【删除模板标记】命令即可。

问题 ❸：库和模板分别存放在什么地方？它们的扩展名是什么？

答：库本身是一段 HTML 代码，而模板本身是一个文件。Dreamweaver CC 中将所有的模板文件都存放在站点根目录下的 Templates 子目录中，扩展名为 .dwt；而将库项目存放在每个站点的本地根目录下的"Library"文件夹中，扩展名为 .lbi。

📁 上机实战——使用模板制作网页

通过本章的学习，为了让读者巩固本章知识点，下面讲解一个技能综合案例，使大家对本章的知识有更深入的了解。

效果展示

第 5 章制作的产品推荐网页效果不错，以后就可以保持首页的布局方式，但部分图像经常需要进行替换（产品推荐网页详见第 5 章"上机实战——制作产品推荐网页"）。本实例在设计制作时，由于首页的布局方式需要固定，所以首先将首页制作为模板页，再将需要更新的网页元素设置为可编辑区域，最后通过模板页将可编辑区域进行更新。

制作步骤

步骤 01 在 Dreamweaver CC 中打开第 5 章制作的"产品推荐网页"，然后执行【文件】→【另存为模板】命令，如图 8-30 所示。

步骤 02 打开【另存模板】对话框，在【另存为】文本框中输入"tuijian"，如图 8-31 所示。完成后单击【保存】按钮。

图 8-30　执行菜单命令　　　　　　　　　　图 8-31　【另存模板】对话框

步骤 03 选择最上方表格中的图像，然后执行【插入】→【模板对象】→【可编辑区域】命令，打开【新建可编辑区域】对话框，在对话框中设置名称为"q1"，如图 8-32 所示。

步骤 04 完成后单击【确定】按钮，图像所在区域添加为可编辑区域，如图 8-33 所示。

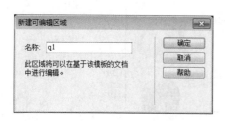

图 8-32　【新建可编辑区域】对话框 1　　　　图 8-33　图像区域添加为可编辑区域 1

步骤 05　选择最下方表格左侧中的图像，然后执行【插入】→【模板对象】→【可编辑区域】命令，打开【新建可编辑区域】对话框，在对话框中设置名称为"q2"，如图 8-34 所示。

步骤 06　完成后单击【确定】按钮，图像所在区域添加为可编辑区域，如图 8-35 所示。然后按快捷键【Ctrl+S】保存模板，并关闭文档。

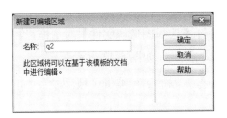

图 8-34　【新建可编辑区域】对话框 2

图 8-35　图像区域添加为可编辑区域 2

步骤 07　执行【文件】→【新建】命令，打开【新建文档】对话框。单击【网站模板】选项，在【站点】列表中选择应用模板所在的站点名称，然后在右侧列表中选择要应用的模板"tuijian"，如图 8-36 所示。

步骤 08　单击【创建】按钮，创建一个新文档，如图 8-37 所示。右上角黄色区域的"模板 tuijian"，表示该文档是基于模板"tuijian"文件创建的。

图 8-36　【新建文档】对话框

图 8-37　创建文档

步骤 09　双击可编辑区域"q1"中的图像，打开【选择图像源文件】对话框，在对话框中选择一幅图像（网盘 \ 素材文件 \ 第 8 章 \mb1.jpg），如图 8-38 所示。

步骤 10　完成后单击【确定】按钮，选择的图像就添加到可编辑区域"q1"中，如图 8-39 所示。

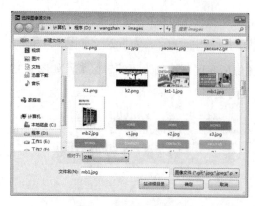

图 8-38　选择图像 1

图 8-39　添加图像 1

步骤 11　双击可编辑区域"q2"中的图像，打开【选择图像源文件】对话框，在对话框中选择一幅图像（网盘 \ 素材文件 \ 第 8 章 \mb2.jpg），如图 8-40 所示。

步骤 12　完成后单击【确定】按钮，选择的图像就添加到可编辑区域"q2"中，如图 8-41 所示。

图 8-40　选择图像 2

图 8-41　添加图像 2

步骤 13　保存网页后按【F12】键浏览，在首页布局方式不变的基础上更新了网页，如图 8-42 所示。

图 8-42　浏览网页

同步训练——使用库项目更新网页

通过上机实战案例的学习，为了增强读者的动手能力，下面安排一个同步训练案例，让读者达到举一反三、触类旁通的学习效果。

图解流程

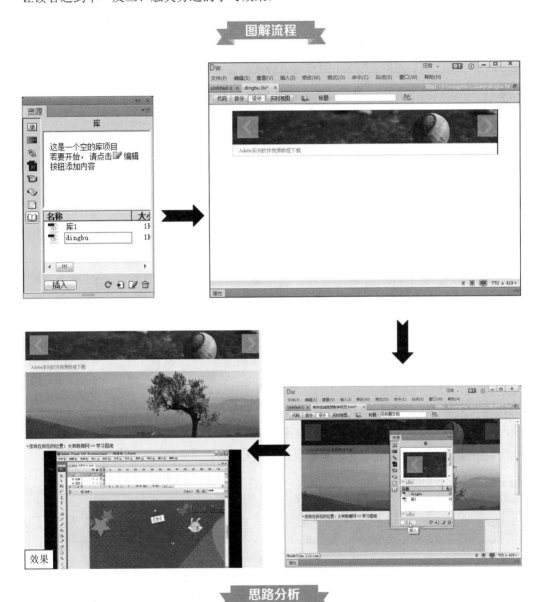

思路分析

在网页中添加一幅宣传图像与提醒下载教学视频文件的文字，需要添加在页面顶端，并且在网站的各个网页中都要进行添加。可以将需要添加的网页元素制作成库元素，然后在网页中进行插入。

关键步骤

步骤01 执行【窗口】→【资源】命令，打开【资源】选项卡，单击▣按钮，打开【库】面板，单击右下方的新建库项目按钮꘡，将新建的库项目命名为"dingbu"，如图 8-43 所示。

步骤02 双击【库】面板中的"dingbu"库项目，进入"dingbu"库项目的编辑页面，插入一个 2 行 1 列，表格宽度为 650 像素，边框粗细、单元格边距和单元格间距均为"0"的表格，并在【属性】面板中将表格设置为【居中对齐】，如图 8-44 所示。

图 8-43　新建库项目

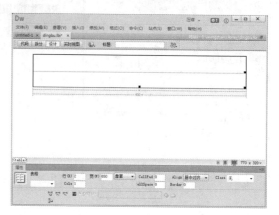

图 8-44　插入表格

步骤03 在表格第 1 行单元格中插入一幅图像（网盘\素材文件\第 8 章\dingbu1.jpg），在第 2 行单元格中输入文字，如图 8-45 所示。

步骤04 保存文件，然后在【文件】面板中打开第 6 章制作的"制作在线视频教学网页 .html"，将光标放置于要添加内容的位置，也就是页面顶端，打开【库】面板选择"dingbu"库项目，单击【插入】按钮即可插入库项目，如图 8-46 所示。

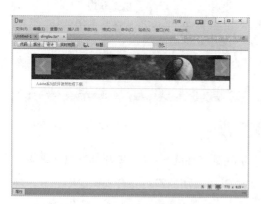

图 8-45　插入图像并输入文字

图 8-46　插入库项目

步骤05 保存网页后按【F12】键浏览，可以看到，需要添加的内容已经出现在网页中了，如图 8-47 所示。

图 8-47　浏览网页

知识能力测试

本章讲解了 Dreamweaver CC 中模板和库的操作，为了对知识进行巩固和考核，布置以下相应的练习题。

一、选择题

1．模板的区域不包括（　　）。

　　A．可编辑区域　　　　B．重复区域

　　C．选择区域　　　　　D．可编辑的可选区域

2．模板文件的扩展名为（　　）。

　　A．.dwt　　　　　　B．.dot　　　　　　C．.lbi　　　　　　D．.asp

3．（　　）是可以根据需要在基于模板的页面中复制多次的模板部分。

　　A．重复区域　　　　　B．可编辑区域

　　C．选择区域　　　　　D．可编辑的可选区域

4．所有的库项目都被放置在（　　）文件夹内。

　　A．Flash　　　　　　B．Library　　　　C．Templates　　　D．HTML

二、判断题

1．模板是一种具有固定版式的文件，用户应用该版式可以快速创建具有统一风格的一类文档。　　　　　　　　　　　　　　　　　　　　　　　　　　　　　　（　　）

2．可选区域是根据需要在基于模板的页面中任意复制多次的部分，如重复一个表格行。　　　　　　　　　　　　　　　　　　　　　　　　　　　　　　　　　　（　　）

3．使用库项目可以完成对网站中某个版块的修改。 （ ）

4．模板是指将页面中的导航条、版权信息、公司商标等常用的构成元素转换为模板保存起来，在需要的时候调用。 （ ）

三、操作题

1．在 Dreamweaver 中创建一个模板。

2．制作一个模板，并将其应用到其他网页中。

3．在网页中创建一个库项目，并应用到网页中。

CC
DREAMWEAVER

第 9 章

网页中表单的创建与编辑

　　本章介绍了表单的创建和使用方法，并且通过实例讲述表单对象的创建方法。表单在网站的创建中起着重要的作用，应该重点掌握。在实际运用中，读者应该根据不同情况灵活创建表单对象，制作出适用的网页。

学习目标

- 掌握创建文本域的方法
- 掌握创建单选按钮的方法
- 掌握创建复选框的方法
- 掌握创建下拉菜单的方法
- 掌握创建表单按钮的方法
- 掌握创建密码域的方法

9.1 表单概述

使用表单能收集网站访问者的信息，比如会员注册信息、意见反馈等。表单的使用需要两个条件，一是描述表单的 HTML 源代码；二是用于处理用户在表单中输入的信息的服务器端应用程序客户端脚本，如 ASP、CGI 等。

一个表单由两部分组成，即表单域和表单对象，如图 9-1 所示。表单域包含处理数据所用的 CGI 程序的 URL 及数据提交到服务器的方法；表单对象包括文本域、密码域、单选按钮、复选框、弹出式菜单及按钮等对象。

图 9-1　表单的组成

9.2 创建表单

执行【插入】→【表单】→【表单】命令，或者在【插入】面板中切换至【表单】对象，然后单击 按钮，即可插入一个表单，这时在文档中将出现一个红色虚线框，这个由红色虚线围成的区域就是表单域，各种表单对象都必须插入这个红色虚线区域才能起作用，如图 9-2 所示。

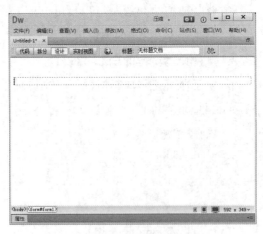

图 9-2　插入表单

温馨提示

　　表单在网站中起交互作用，它将访问者的信息传给站点的创建者和管理者，在访问者与 Web 服务间建立一座桥梁，实现信息的交互。表单能让站点的管理者快速了解访问者的信息与需求。

9.3　创建表单对象

　　Dreamweaver CC 中的表单可以包含标准表单对象，表单对象有文本域、按钮、图像域、复选框等。

9.3.1　创建文本域

　　【文本域】用来在表单中插入文本，访问者浏览网页时可以在文本域中输入相应的信息。

　　创建文本域的具体操作步骤如下。

　　步骤 01　将光标放到表单中需要插入文本域的位置。

　　步骤 02　将【插入】面板中的插入对象切换为【表单】，然后单击 ▢ 文本 按钮，此时在光标处插入一个文本域，如图 9-3 所示。可以将前面的英文替换为中文，如"用户名："。

图 9-3　插入文本域

9.3.2　创建单选按钮

　　单选按钮通常是多个一起使用，选中其中的某个按钮时，就会取消选择所有的其他按钮。创建单选按钮的具体操作步骤如下。

　　步骤 01　将光标放到表单中需要插入单选按钮的位置。

步骤 02　将【插入】面板中的插入对象切换为【表单】，然后单击 ⊙ 单选按钮 按钮，此时在光标处插入一个单选按钮，如图9-4所示。

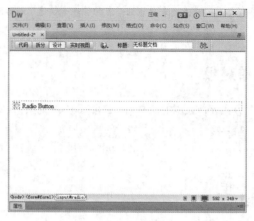

图 9-4　插入单选按钮

需要插入几个单选按钮就执行菜单命令几次，如图9-5所示是插入了3个单选按钮。

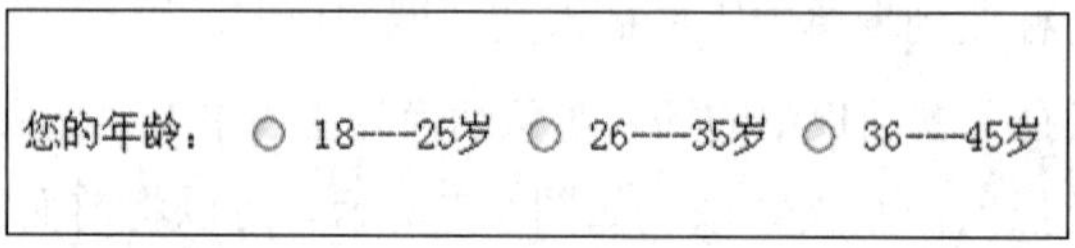

您的年龄：　○ 18---25岁　○ 26---35岁　○ 36---45岁

图 9-5　插入3个单选按钮

9.3.3　创建复选框

复选框对每个单独的响应进行"关闭"和"打开"状态切换，因此用户可以从复选框组中选择多个复选框。创建复选框的操作步骤如下。

步骤 01　将光标放到表单中要插入复选框的位置。

步骤 02　单击【插入】面板中"表单"对象的 ☑ 复选框 按钮，即可插入一个复选项，需要插入几个复选项就单击该按钮几次，如图9-6所示。

喜欢的书籍类型：□艺术　□军事　□娱乐　□科技　□历史

图 9-6　插入复选框

9.3.4　创建下拉菜单

下拉菜单使访问者可以从由多项组成的列表中选择一项。当空间有限，但需要显示多个菜单项时，下拉式菜单非常有用。创建下拉菜单的操作步骤如下。

步骤 01 将光标放在表单中需要插入下拉菜单的位置。

步骤 02 在【插入】面板中单击 选择 按钮，在光标处插入一个菜单，如图 9-7 所示。

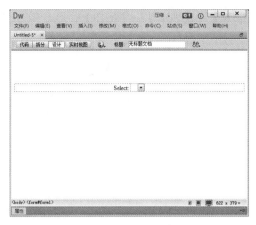

图 9-7 插入菜单

步骤 03 在【属性】面板中单击【列表值】按钮，打开如图 9-8 所示的对话框，将光标放在【项目标签】区域中后，输入要在该下拉菜单中显示的文本。在【值】区域中，输入在用户选择该项时将发送到服务器的数据。若要向选项列表中添加其他项，请单击 ➕ 按钮；若想删除项目，则可以单击 ➖ 按钮。如图 9-9 所示就是在【列表值】对话框中添加项目的情形。

图 9-8 【列表值】对话框

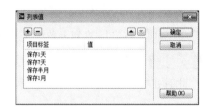

图 9-9 添加项目

步骤 04 设置完成后，单击【确定】按钮，创建的菜单显示在【Selected】列表框中，如图 9-10 所示。

图 9-10 【Selected】列表框

9.3.5 创建表单按钮

表单按钮用于控制表单操作，使用表单按钮可以将输入表单的数据提交到服务器，或者重置该表单，还可以将其他已经在脚本中定义的处理任务分配给按钮。

创建表单按钮的操作步骤如下。

步骤 01 将光标置于表单中需要插入按钮的位置。

步骤 02 执行【插入】→【表单】→【按钮】命令，即可在光标处插入一个按钮，如图 9-11 所示。

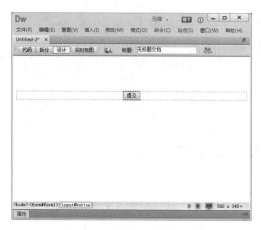

图 9-11　插入按钮

> **温馨提示**
>
> 可以在【属性】面板上的【Value】文本框中设置显示在表单按钮上的文字，如图 9-12 所示。
>
> 图 9-12　设置显示在表单按钮上的文字

9.3.6　创建密码域

创建密码域的具体操作步骤如下。

步骤 01 将光标放到表单中需要插入密码域的位置。

步骤 02 将【插入】面板中的插入对象切换为【表单】，然后单击 密码 按钮，此时在光标处插入一个密码域，如图 9-13 所示。可以将前面的英文替换为中文，如"密码："。

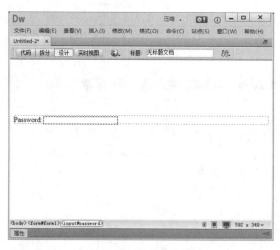

图 9-13　插入密码域

> **温馨提示**
>
> 密码域是特殊类型的文本域，当用户在密码域中输入文本时，所输入的文本被替换为星号或圆点以隐藏该文本，保护这些信息不被看到，如图 9-14 所示。
>
> 图 9-14　密码不显示

课堂范例——制作在线调查表

步骤 01　新建一个网页文件，执行【插入】→【表单】→【表单】命令，在网页中插入一个表单，如图 9-15 所示。

步骤 02　将光标放在表单中，执行【插入】→【表格】命令，插入一个 1 行 1 列的表格，设置表格宽度为 500 像素，并在【属性】面板中将【填充】与【间距】都设置为 4，边框粗细为 1，对齐方式为【居中对齐】，如图 9-16 所示。

图 9-15　插入表单　　　　　　　　　　图 9-16　插入表格

步骤 03　选中表格，单击 代码 按钮，切换到代码视图，在 "<table width="500" border="1" align="center" cellpadding="4" cellspacing="4"" 后面添加代码 "bordercolor= "#23B89A"" ，如图 9-17 所示，表示将色标值为 #23B89A 的颜色（蓝绿色）作为表格的边框颜色。

步骤 04　在代码视图中的 "<td" 后面添加代码 "bordercolor="#23B89A"" ，如图 9-18 所示，表示将色标值为 #23B89A 的颜色（蓝绿色）作为单元格的边框颜色。

图 9-17　添加代码 1　　　　　　　　　图 9-18　添加代码 2

步骤 05　切换到设计视图，选中表格，打开【属性】面板，将【填充】与【间距】中的值分别设置为 0，然后将光标放在表格中，将垂直对齐方式设置为【顶端】，插入一个 8 行 1 列的嵌套表格，设置表格宽度为 100%，边框粗细、单元格边距和单元格间距均为 0，如图 9-19 所示。

步骤 06　将光标放在嵌套表格的第 1 行单元格中，执行【插入】→【图像】→【图像】命令，在单元格中插入一幅图像（网盘＼素材文件＼第 9 章＼diaocha1.jpg），如图 9-20 所示。

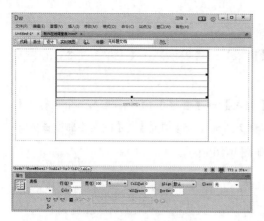

图 9-19　插入嵌套表格

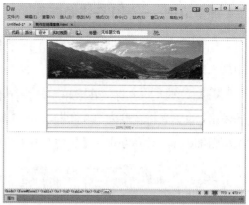

图 9-20　插入图像

步骤 07　将嵌套表格第 2 行单元格的背景颜色设置为绿色（#738F21），然后在单元格中输入文字，文字大小为 14 像素，颜色为白色，如图 9-21 所示。

步骤 08　在嵌套表格第 3 行单元格中输入文字，然后单击【插入】面板中【表单】对象的 ☑ 复选框 按钮，插入 4 个复选框，并分别在复选框后面输入文字，如图 9-22 所示。

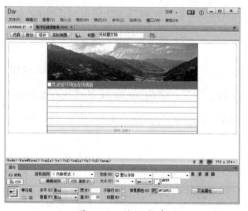

图 9-21　输入文字

图 9-22　插入 4 个复选框

步骤 09　在嵌套表格第 4 行单元格中输入文字，然后单击【插入】面板中【表单】对象的 ☑ 复选框 按钮，插入 3 个复选框，并分别在复选框后面输入文字，如图 9-23 所示。

步骤 10　在嵌套表格第 5 行单元格中输入文字，然后单击【插入】面板中【表单】对象的 ☑ 复选框 按钮，插入 3 个复选框，并分别在复选框后面输入文字，如图 9-24 所示。

步骤 11　在嵌套表格第 6 行单元格中输入文字，然后单击【插入】面板中【表单】对象的 ◎ 单选按钮 按钮，插入两个单选按钮，并分别在单选按钮后输入文字"是"和"不是"，如图 9-25 所示。

步骤 12　在嵌套表格第 7 行单元格中输入文字，然后在【插入】面板的【表单】对象中单击 ☐ 文本 按钮，插入一个文本域，选择插入的文本域，在【属性】面板中设置【Rows】为 10、【Cols】为 30，如图 9-26 所示。

图 9-23　插入 3 个复选框

图 9-24　再次插入 3 个复选框

图 9-25　插入两个单选按钮

图 9-26　插入文本域

步骤 13　将光标放在嵌套表格的第 8 行单元格中，然后在【插入】面板的【表单】对象中单击 按钮 按钮，插入一个按钮，如图 9-27 所示。

步骤 14　在【提交】按钮后按 8 次空格键，然后单击【插入】面板中的【表单】对象的 按钮 按钮，继续插入一个按钮；接着选中该按钮，在【属性】面板上的【Value】文本框中输入【取消】，如图 9-28 所示。

图 9-27　插入按钮

图 9-28　插入按钮并设置属性

步骤 15 执行【文件】→【保存】命令保存文档，然后按【F12】键浏览网页，如图9-29所示。

图9-29 浏览网页

课堂问答

通过本章的讲解，读者对网页中的表单有了一定的了解，下面列出一些常见的问题供学习参考。

问题 ❶：什么是动态表单对象？

答：作为一种表单对象，动态表单对象的初始状态由服务器在页面被从服务器中请求时确定，而不是由表单设计者在设计时确定。例如，当用户请求的 PHP 页上包含带有菜单的表单时，该页中的 PHP 脚本会自动使用存储在数据库中的值填充该菜单。然后，服务器将完成后的页面发送到该用户的浏览器中。

问题 ❷：什么是表单的客户端角色？

答：表单支持客户端 / 服务器关系中的客户端。当访问者在 Web 浏览器中显示的表单中输入信息，然后单击提交按钮时，这些信息将被发送到服务器，服务器端脚本或应用程序在该处对这些信息进行处理。用于处理表单数据的常用服务器端技术包括 Macromedia ColdFusion、Microsoft Active Server Pages（ASP）和 PHP。服务器进行响应时会将被请求信息发送回用户（或客户端），或基于该表单内容执行一些操作。

问题 ❸：插入表单后，为何页面中没有出现红色虚线框？

答：在没有出现红色虚线框的情况下，执行【查看】→【可视化助理】→【不可见元素】命令，即可出现红色虚线框。

上机实战——创建网站注册页面

通过本章的学习，为了让读者巩固本章知识点，下面讲解一个技能综合案例，使大家对本章的知识有更深入的了解。

效果展示

思路分析

现在浏览一个网站要应用该网站的全部功能与享受网站所提供的服务，就需要注册为网站的会员。注册时要设置在该网站上所用的用户名、密码及注册者的邮箱等资料。由于在网站注册主要是提供用户的各种资料，所以在制作注册网页时就要综合运用文本域与单选按钮及表单按钮等表单对象来制作。

制作步骤

步骤 01 新建一个网页文档，执行【插入】→【表格】命令，插入一个 1 行 1 列，【宽】设置为 518 像素的表格，在【属性】面板中将其对齐方式设置为【居中对齐】，【填充】和【间距】都设置为 0，如图 9-30 所示。

步骤 02 将光标放置于表格中，执行【插入】→【图像】→【图像】命令，在表格中插入一幅图像（网盘\素材文件\第 9 章\zhuce1.jpg），如图 9-31 所示。

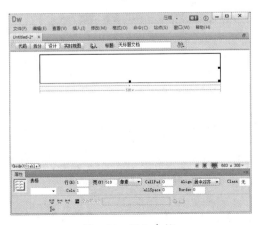

图 9-30　插入表格

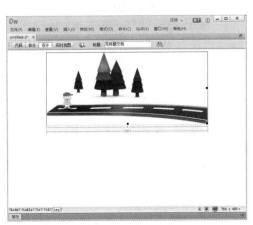

图 9-31　插入图像

> **步骤 03** 在网页中插入一个表单，然后在表单中插入一个 8 行 1 列，【宽】设置为 518 像素的表格，在【属性】面板中将其对齐方式设置为【居中对齐】，【填充】和【间距】都设置为 0，如图 9-32 所示。

> **步骤 04** 在表格第 1 行单元格中输入文字，文字【大小】为 14 像素，【字体】为黑体，如图 9-33 所示。

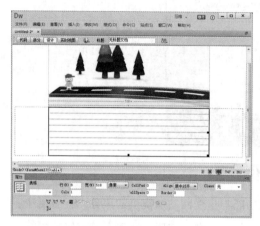

图 9-32 插入表格

图 9-33 输入文字

> **步骤 05** 在表格第 2 行单元格中输入文字【用户名】，然后执行【插入】→【表单】→【文本】命令，插入一个文本域。选中插入的文本域，在【属性】面板上的【Size】文本框中输入 10，在【Max Length】文本框中输入 20，如图 9-34 所示。

> **步骤 06** 在表格第 3 行单元格中输入文字【密码】，然后执行【插入】→【表单】→【密码】命令，插入一个密码域。选中插入的密码域，在【属性】面板上的【Size】文本框中输入 10，在【Max Length】文本框中输入 20，如图 9-35 所示。

图 9-34 插入文本域

图 9-35 插入密码域

> **步骤 07** 在表格第 4 行单元格中输入文字【确认密码】，然后执行【插入】→【表

单】→【密码】命令，插入一个密码域。选中插入的密码域，在【属性】面板上的【Size】
文本框中输入 10，在【Max Length】文本框中输入 20，如图 9-36 所示。

步骤 08 在表格第 5 行单元格中输入文字【性别】，然后执行【插入】→【表单】
→【单选按钮】命令，在文字后插入一个单选按钮，接着在单选按钮后输入文字【男】，
如图 9-37 所示。

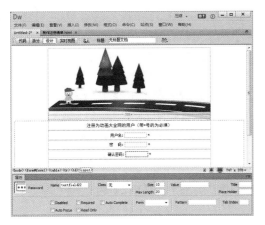

图 9-36 再次插入密码域

图 9-37 插入单选按钮

步骤 09 在表格第 6 行单元格中插入一个单选按钮，并在单选按钮后输入文字
【女】，如图 9-38 所示。

步骤 10 在表格第 7 行单元格中输入文字【电子邮箱】，然后执行【插入】→【表
单】→【文本】命令，插入一个文本域。选中插入的文本域，在【属性】面板上的【Size】
文本框中输入 20，在【Max Length】文本框中输入 15，如图 9-39 所示。

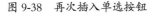

图 9-38 再次插入单选按钮

图 9-39 插入文本域

步骤 11 在表格第 8 行单元格中分别插入【提交】和【取消】按钮，如图 9-40 所示。

步骤 12 将光标放置于页面空白处，插入一个 1 行 1 列，【宽】设置为 518 像素
的表格，在【属性】面板中将其对齐方式设置为【居中对齐】，【填充】和【间距】都

设置为 0，然后在表格中插入一幅图像（网盘\素材文件\第 9 章\zhuce2.jpg），如图 9-41 所示。

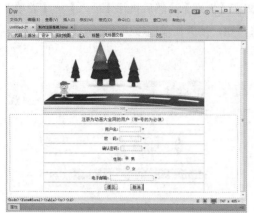 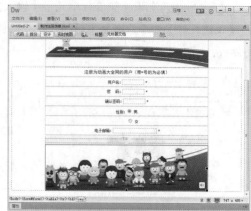

图 9-40　插入按钮　　　　　　　　　　　图 9-41　插入图像

步骤 13　　执行【文件】→【保存】命令保存文档，然后按【F12】键浏览网页即可，如图 9-42 所示。

图 9-42　浏览网页

同步训练——创建网站登录页面

通过上机实战案例的学习，为了增强读者的动手能力，下面安排一个同步训练案例，让读者达到举一反三、触类旁通的学习效果。

图解流程

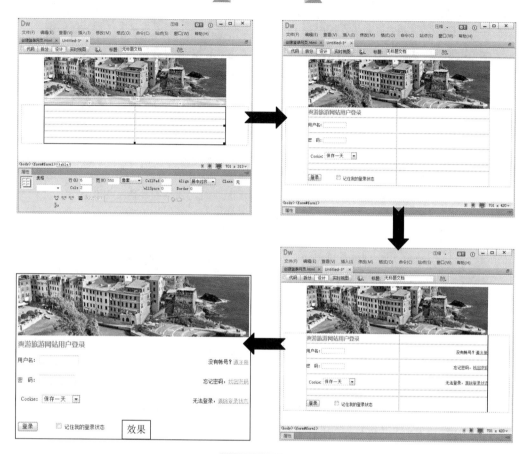

思路分析

在爽游旅游网站注册了的用户在下次浏览网站时，就需要用户输入用户名及密码进行登录，这样才能享受该网站的全部服务，还要考虑到某些用户忘记了密码，这就需要设置找回密码的链接。

关键步骤

步骤 01　插入一个 1 行 1 列，【宽】设置为 550 像素的表格，然后在表格中插入素材图像（网盘 \ 素材文件 \ 第 9 章 \denglu1.jpg），如图 9-43 所示。

步骤 02　在网页中插入一个表单，然后将光标放置于表单中，插入一个 6 行 2 列，表格宽度为 550 像素，边框粗细、单元格边距和单元格间距均为 0 的表格，并在【属性】面板中将表格设置为【居中对齐】，如图 9-44 所示。

步骤 03　在表格第 1 行左侧的单元格中输入文字，然后在表格其他左侧的单元格中插入表单对象，如图 9-45 所示。

步骤 04　在表格右侧的单元格中输入文字，并为文字添加空链接，如图 9-46 所示。

图 9-43　插入图像

图 9-44　插入表格

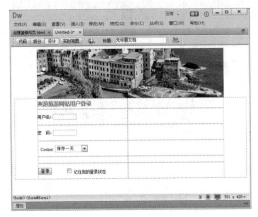

图 9-45　输入文字并插入表单对象

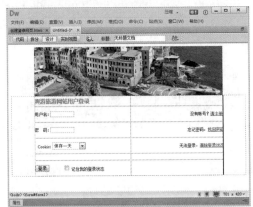

图 9-46　输入文字并添加空链接

步骤 05　单击【属性】面板上的【页面属性】按钮，打开【页面属性】对话框，选择【链接（CSS）】选项，将【链接颜色】与【已访问链接】设置为红色（#F15F3A），将【变换图像链接】设置为黄色（#FFCC00），在【下划线样式】下拉列表框中选择【始终有下划线】选项，如图 9-47 所示。

步骤 06　执行【文件】→【保存】命令，将文件保存，然后按下【F12】键浏览网页，如图 9-48 所示。

图 9-47　设置链接颜色

图 9-48　浏览网页

知识能力测试

本章讲解了 Dreamweaver CC 中表单的操作，为了对知识进行巩固和考核，布置以下相应的练习题。

一、填空题

1. 一个表单由_____和_____两部分组成。

2. _____通常是多个一起使用，选中其中的某个按钮时，就会取消选择所有的其他按钮。

二、判断题

1. 表单就是表单对象。 （ ）

2. 在 Dreamweaver 中要创建表单对象，应该执行【编辑】菜单中的命令。（ ）

3. 表单中包含各种对象，例如，文本域、复选框和按钮。 （ ）

三、操作题

综合运用本章所讲述的知识，制作一个如图 9-49 所示的注册表单。

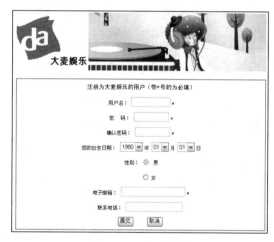

图 9-49　注册表单

CC
DREAMWEAVER

第 10 章
网页行为的应用与设置

　　本章主要介绍了 Dreamweaver CC 中的行为，希望读者通过本章内容的学习，能够理解行为的概念，掌握内置行为的使用等知识。学习并掌握本章中所讲述的内容，对于制作网页中的特效是非常有用的。

学习目标

- 认识行为
- 掌握内置行为的操作方法
- 掌握行为参数的修改
- 掌握行为的排序方法

10.1 认识行为

行为由 JavaScript 函数和事件处理程序组成，JavaScript 函数在 Dreamweaver 中作为动作，所有动作都响应事件。Dreamweaver 中的行为是将 JavaScript 代码放置在文档中，以允许访问者与 Web 页进行交互，从而以多种方式更改页面或引起某些任务的执行。

10.1.1 行为简介

下面介绍关于【行为】的含义及与【行为】相关的几个重要概念——对象、事件和动作。

【行为】是事件和动作的组合。在 Dreamweaver CC 中，事件可以是任何类似用户在某个链接上单击的这样具有交互性的事物，或者类似于一个网页的载入过程这样的具有自动化的事情。行为被规定附属于用户页面上某个特定的元素，不论是一个文本链接、一幅图像或者 <body> 标签。为了更好地理解行为的概念，下面就分别介绍与行为相关的对象、事件和动作。

【对象】是产生行为的主体，许多网页元素都可以成为对象，如图片、文字、多媒体文件等，甚至是整个页面。

【事件】是触发动态效果的原因，它可以被附加到各种页面元素上，也可以被附加到 HTML 标记中。事件总是针对页面元素或标记而言的。比如，将鼠标指针移到图像上、将鼠标指针放在图像之外或者是单击鼠标左键，这些是关于鼠标最常见的 3 个事件（onMouseOver、onMouseOut、onClick）。不同版本的浏览器所支持的事件种类和数量是不一样的，通常高版本的浏览器支持更多的事件。

【行为】是通过动作来完成动态效果，如交换图像、打开浏览器窗口、弹出信息、播放声音等动作。动作通常是一段 JavaScript 代码，在 Dreamweaver 中使用 Dreamweaver 内置的行为系统会自动往页面中添加 JavaScript 代码，用户完全不必自己编写。

把【事件】和【动作】结合就构成了行为。例如，将 onClick 行为事件与 JavaScript 代码相关联，当鼠标指针放在对象上时就可以执行相应的 JavaScript 代码动作。每个事件可以同多个动作相关联，即发生事件时可以执行多个动作，为了实现需要的结果，用户还可以指定和修改动作发生的顺序。

10.1.2 【行为】面板

在 Dreamweaver 中，对行为的添加和控制主要通过【行为】面板来实现。执行【窗口】→【行为】命令，打开【行为】面板，如图 10-1 所示。
也可以按【Shift+F4】组合键打开【行为】面板。

在【行为】面板上单击【显示设置事件】按钮 ，下面
将显示触发事件，也就是显示已经设置了的行为。当单击行
为列表中所选事件名称旁边的箭头按钮时，会弹出一个下拉
菜单，只有在选择了行为列表中的某个事件时才显示此菜单。
所选对象不同，显示的事件也会有所不同。

图 10-1　【行为】面板

单击【显示所有事件】按钮 ，下面将显示所有的事件。
在列表中单击 按钮，会弹出一个选择触发事件的下拉菜单，如图 10-2 所示。

单击 按钮可以为选定的对象加载动作，即自动生成一段 JavaScript 程序代码。单
击该按钮，打开下拉菜单，如图 10-3 所示，用户可以在其中指定该动作的参数。需要注
意的是，如果在空白的文档中打开此菜单，大部分菜单都是灰色的，这是因为对普通文
本不能加载行为动作。

图 10-2　选择触发事件的下拉菜单

图 10-3　下拉菜单

按钮的作用是用来删除已加载的动作。如果未加载任何动作，会呈现灰色。

和 按钮用来将特定事件的所选动作在行为列表中向上或向下移动。在多个动作
都是相同的触发事件时，这个功能才有用处。

下面就对这些动作进行详细介绍。

● 交换图像：通过改变 img 标签的 src 属性来改变图像，利用该动作可创建活动按
钮或其他图像效果。

● 弹出信息：显示带指定信息的 JavaScript 警告，用户可在文本中嵌入任何有效的
JavaScript 功能，如调用、属性、布局变量或表达式（需用 {} 括起来）。

● 恢复交换图像：恢复交换图像为原图。

● 打开浏览器窗口：在新窗口中打开 URL，并可设置新窗口的尺寸等属性。

- 拖动 AP 元素：利用该动作可允许用户拖动层。

- 改变属性：改变对象属性值。

- 效果：制作一些类似增大、搜索等效果。

- 显示 - 隐藏元素：显示、隐藏一个或多个层窗口，或者恢复其默认属性。

- 检查插件：利用该动作可根据访问者所安装的插件，发送给不同的网页。

- 检查表单：检查输入框的内容，以确保用户输入的数据格式正确无误。

- 设置文本：包括 4 项功能，分别是设置层文本、设置文本域文字、设置框架文本、设置状态栏文本。

- 调用 JavaScript：执行 JavaScript 代码。

- 跳转菜单：当用户创建了一个跳转菜单时，Dreamweaver 将创建一个菜单对象，并为其附加行为。在【行为】面板中双击跳转菜单动作可编辑跳转菜单。

- 跳转菜单开始：当用户已经创建了一个跳转菜单时，在其后面会添加一个行为动作按钮前往。

- 转到 URL：在当前窗口或指定框架中打开新页面。

- 预先载入图像：该图像在页面载入浏览器缓冲区之后不会立即显示，它主要用于时间线、行为等，从而防止因下载引起的延迟。

- 获取更多行为：从网站上获得更多的动作功能。

10.2　内置行为的使用

本节介绍 Dreamweaver CC 中各种行为动作的使用。

10.2.1　交换图像

【交换图像】动作用于改变 img 标签的 src 属性，即用另一张图像替换当前的图像。使用这个动作可以创建按钮变换效果和其他图像效果（包括一次变换多幅图像）。

因为这个动作只影响到 src 属性，所以变换图像的尺寸应该一致（高度和宽度与初始图像相同），否则交换的图像在显示时会被压缩或扩展。

使用【交换图像】动作具体的操作步骤如下。

步骤 01　在页面中插入一幅素材图像（网盘 \ 素材文件 \ 第 10 章 \tx1.jpg），在【属性】面板上输入图像的名称 images1，如图 10-4 所示。

步骤 02　选中插入的图像，单击【行为】面板上的 + 按钮，在打开的【动作】快捷菜单中选择【交换图像】命令，如图 10-5 所示。

图 10-4 插入图像

图 10-5 选择【交换图像】命令

步骤 03 打开【交换图像】对话框，选择要设置替换图像的原始图像，单击【浏览】按钮，如图 10-6 所示。打开【选择图像源文件】对话框，选择替换后的图像文件，单击【确定】按钮，如图 10-7 所示。

图 10-6 【交换图像】对话框

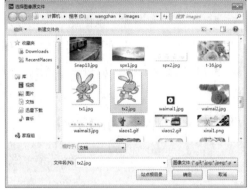

图 10-7 选择图像

步骤 04 返回【交换图像】对话框，单击【确定】按钮，如图 10-8 所示。在【行为】面板中出现【恢复交换图像】行为，如图 10-9 所示。

图 10-8 【交换图像】对话框

图 10-9 出现【恢复交换图像】行为

步骤 05 保存网页，按【F12】键浏览网页，将鼠标指针移至原始图像上，图像会进行变换，效果如图 10-10 所示。

图 10-10　浏览网页

10.2.2　恢复交换图像

　　【恢复交换图像】动作是指当鼠标指针移出对象区域后，所有被替换显示的图像恢复为原始图像。一般在设置替换图像的动作时，会自动添加替换图像恢复动作。如果在附加【交换图像】时选择了【鼠标滑开时恢复图像】选项，则不需要手动选择【恢复交换图像】动作。

　　如果在设置【交换图像】动作时，没有选中【鼠标滑开时恢复图像】复选项，可以手动设置图像恢复动作，具体操作步骤如下。

步骤 01 选择网页中添加了交换图像的对象，单击【行为】面板上的 按钮，在打开的【动作】快捷菜单中选择【恢复交换图像】命令，如图 10-11 所示。

步骤 02 打开【恢复交换图像】对话框，单击【确定】按钮即可，如图 10-12 所示。

图 10-11　选择【恢复交换图像】命令

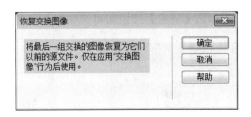

图 10-12　【恢复交换图像】对话框

10.2.3　打开浏览器窗口

　　使用【打开浏览器窗口】动作在一个新的窗口中打开 URL。可以指定新窗口的属性（包括其大小)、特性(它是否可以调整大小、是否具有菜单栏等)和名称。例如,可以使用此行为在访问者单击缩略图时,在一个单独的窗口中打开一个较大的图像;使用此行为,可以使新窗口与该图像恰好一样大。使用【打开浏览器窗口】动作具体的操作步骤如下。

步骤 01 新建一个网页文档,单击【行为】面板上的 按钮,在打开的【动作】快捷菜单中选择【打开浏览器窗口】命令,如图 10-13 所示。

步骤 02 弹出【打开浏览器窗口】对话框,在【要显示的 URL】文本框中设置打开窗口中要显示网页的 URL,再设置弹出窗口的宽度和高度,在【属性】栏中可选择弹出窗口是否包括某些属性,如图 10-14 所示。

图 10-13 选择【打开浏览器窗口】命令

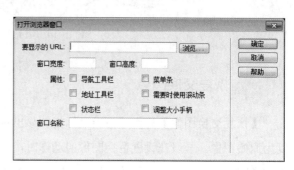

图 10-14 【打开浏览器窗口】对话框

10.2.4 弹出信息

【弹出信息】动作显示一个带有用户指定的 JavaScript 警告,最常见的信息对话框只有一个【确定】按钮,可以在网页中显示信息对话框,起到显示指定信息、提示信息的作用,而不能为用户所选择。使用【弹出信息】动作的具体操作如下。

步骤 01 新建一个网页文档,单击【行为】面板上的 按钮,在打开的【动作】快捷菜单中选择【弹出信息】命令,如图 10-15 所示。

步骤 02 打开【弹出信息】对话框,在【消息】文本框中输入所要弹出的文字信息,完成后单击【确定】按钮即可,如图 10-16 所示。

图 10-15 选择【弹出信息】命令

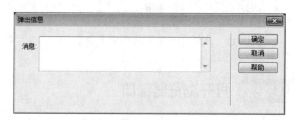

图 10-16 【弹出信息】对话框

10.2.5　转到 URL

【转到 URL】动作可以设置在指定的框架中或在当前的浏览窗口中载入指定的页面，此操作尤其适用于通过一次单击更改两个或多个框架的内容。使用【转到 URL】动作的具体操作步骤如下。

步骤 01 在页面上选择要附加行为的对象，单击【行为】面板上的 ■ 按钮，在打开的【动作】快捷菜单中选择【转到 URL】命令，如图 10-17 所示。

步骤 02 打开【转到 URL】对话框，在【打开在】列表框中选择打开链接的窗口，在【URL】文本框中输入设置链接的 URL 地址，完成后单击【确定】按钮，如图 10-18 所示。

图 10-17　选择【转到 URL】命令

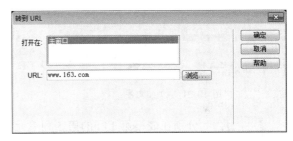

图 10-18　【转到 URL】对话框

课堂范例——网站中放大商品图像效果

步骤 01 新建一个网页文件，插入一个 2 行 1 列、宽度为 600 像素的表格，设置表格的边框粗细、单元格边距和单元格间距均为 0，在【属性】面板中将表格设置为【居中对齐】，如图 10-19 所示。

步骤 02 将光标放在表格中，执行【插入】→【图像】→【图像】命令，插入一幅素材图像（网盘 \ 素材文件 \ 第 10 章 \fd1.jpg），如图 10-20 所示。

步骤 03 将表格第 2 行单元格的背景颜色设置为黑色，然后在单元格中输入文字，如图 10-21 所示。

步骤 04 执行【插入】→【表格】命令，插入一个 2 行 5 列、宽度为 600 像素的表格，设置表格的边框粗细、单元格边距和单元格间距均为 0，在【属性】面板中将表格设置为【居中对齐】，如图 10-22 所示。

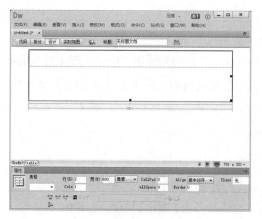

图 10-19　插入表格

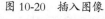

图 10-20　插入图像

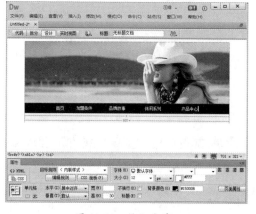

图 10-21　输入文字

图 10-22　插入表格

步骤 05　分别在表格第 1 行的第 5 列单元格中插入 5 幅素材图像（网盘 \ 素材文件 \ 第 10 章 \fd2.jpg、fd3.jpg、fd4.jpg、fd5.jpg、fd6.jpg），如图 10-23 所示。

步骤 06　将表格第 2 行的第 5 列单元格全部合并，然后将光标置于合并后的单元格中，插入表格第 1 行第 1 列单元格中小图的对应大图（网盘 \ 素材文件 \ 第 10 章 \big1.jpg），并在【属性】面板上将其 ID 设置为 big，如图 10-24 所示。

图 10-23　插入图像 1

图 10-24　插入图像 2

步骤 07 选中表格第 1 行第 1 列单元格中的小图，然后打开【行为】面板，单击 ⁺▪按钮，在弹出的【动作】快捷菜单中选择【交换图像】命令，打开【交换图像】对话框，如图 10-25 所示。

步骤 08 在【交换图像】对话框的【图像】列表中选择"图像"big"，在【设定原始档为】文本框中输入小图对应的大图的路径和名称，或单击【浏览】按钮，在弹出的【选择图像源文件】对话框中选择小图对应的大图，完成后单击【确定】按钮，如图 10-26 所示。

图 10-25 【交换图像】对话框

图 10-26 选择图像

步骤 09 返回【交换图像】对话框，取消对【鼠标滑开时恢复图像】复选项的选择，完成后单击【确定】按钮，如图 10-27 所示。

步骤 10 将表格第 2 行的大图删除，然后插入表格第 1 行第 2 列单元格中小图的对应大图（网盘 \ 素材文件 \ 第 10 章 \big2.jpg），并在【属性】面板上将其 ID 设置为 big，如图 10-28 所示。

图 10-27 【交换图像】对话框

图 10-28 插入图像

步骤 11 选中表格第 1 行第 2 列单元格中的小图，然后打开【交换图像】对话框，在对话框的【图像】列表中选择【图像"big"】，在【设定原始档为】文本框中设置小图对应的大图，并取消对【鼠标滑开时恢复图像】复选项的选择，完成后单击【确定】按钮，如图10-29所示。

步骤12 将表格第2行的大图删除，然后插入表格第1行第3列单元格中小图的对应大图（网盘\素材文件\第10章\big3.jpg），并在【属性】面板上将其ID设置为big，如图10-30所示。

图 10-29 【交换图像】对话框

图 10-30 插入图像

步骤13 选中表格第1行第3列单元格中的小图，然后打开【交换图像】对话框，在对话框的【图像】列表中选择【图像"big"】，在【设定原始档为】文本框中设置小图对应的大图，并取消对【鼠标滑开时恢复图像】复选项的选择，完成后单击【确定】按钮，如图10-31所示。

步骤14 按照同样的方法，分别为表格第1行第4列与第5列单元格中的小图设置对应的大图，并应用【交换图像】动作，注意要将大图的ID设置为big，如图10-32所示。

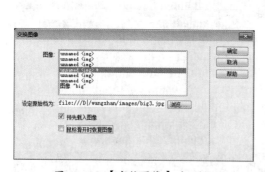

图 10-31 【交换图像】对话框

图 10-32 插入图像

步骤15 执行【文件】→【保存】命令保存文档，然后按【F12】键浏览网页即可，如图10-33所示。

图 10-33　浏览网页

温馨
提示

　　本例讲述了使用【交换图像】动作在网页中放大图像的方法，这种方法常用于产品展示、相册等页面中。在动手制作放大图像效果时，要先将小图与小图对应的大图准备好，然后才开始制作。

10.3 【行为】面板的操作

　　前面介绍了有关行为的动作和事件，下面介绍一下行为参数的修改、行为的排序等操作。

10.3.1 行为参数的修改

　　在 Dreamweaver 中在页面中附加了行为后，用户可以更改触发动作的事件、更改动作的参数及添加或删除动作。

　　要更改行为事件的参数，具体操作步骤如下。

步骤 01　选择一个附加行为的对象，执行【窗口】→【行为】命令或按下快捷键【Shift+F4】，打开【行为】面板。

步骤 02　在文档对象或标签选择器中，选择已设置的行为对象，如图 10-34 所示。

步骤 03　双击要改变的动作，打开所选择的相应参数设置对话框，如图 10-35 所示。在对话框中可以对动作进行修改。

步骤 04　设置完毕后，单击【确定】按钮。

图 10-34　选择行为对象

步骤 05 将鼠标指针移至事件处，单击事件，打开下拉列表，选择更改的事件，如图 10-36 所示。

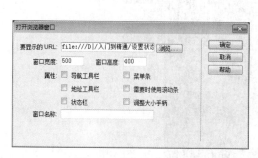

图 10-35 参数对话框

图 10-36 选择事件

10.3.2 行为排序

当有多个行为设置在一个特定的事件上时，动作之间的次序是很重要的。

在 Dreamweaver 中，多个行为是以事件的字母顺序显示在面板上的。如果同一个事件有多个动作，则以执行的顺序显示这些动作。若要更改指定事件的多个动作的顺序，用户可以用鼠标单击选择动作，然后单击 ▲ ▼ 按钮进行上下移动排序。

还有一种方法是选择该动作后使用【剪切】命令，将其剪切到其他的位置后再使用【粘贴】命令，这样也可以实现行为的排序。

👤💬 课堂问答

通过本章的讲解，读者对网页中的行为有了一定的了解，下面列出一些常见的问题供学习参考。

问题❶：为何创建的交换图像大小失真，很难看？

答：这是因为创建交换图像的两幅图像大小不同，交换的图像在显示时会进行压缩或展开以适应原有图像的尺寸，这样容易造成图像失真，看起来也不美观。所以创建交换图像时，尽量选择大小一致的图像。

问题❷：如何删除行为？

答：在行为过多或者用户认为某些行为已经不需要时，可以对其进行删除。具体的操作比较简单，在【行为】面板中用鼠标单击想要删除的行为对象，单击【行为】面板中的 − 按钮，或者按下【Delete】键即可删除所选的行为。

问题❸：如何自行安装其他的行为？

答：在 Dreamweaver CC 中内置了许多行为动作，形成了一个 JavaScript 库。用户还可以通过 Adobe 的官方网站下载并安装行为库中的文件以获得更多的行为。用户如果很熟悉 JavaScript 语言，也可以自己编写新动作，添加到 Dreamweaver 中。

上机实战——制作网站弹出广告

通过本章的学习，为了让读者巩固本章知识点，下面讲解一个技能综合案例，使大家对本章的知识有更深入的了解。

效果展示

思路分析

弹出式广告是指广告不内嵌在网页中，而是在当前页面上方单独弹出一个独立的浏览窗口，并在该窗口中显示广告内容。本实例在设计制作时，首先将广告页面制作出来，为了使广告页面美观，需要应用外部图像编辑器来编辑，然后打开第 5 章制作的装饰公司网页，为其添加【打开浏览器窗口】动作。为了在网页打开后立即弹出广告，最后还需要选择【onLoad】事件。

制作步骤

步骤 01 新建一个网页文档，执行【插入】→【表格】命令，插入一个 1 行 1 列，【宽】设置为 508 像素的表格，在【属性】面板中将其对齐方式设置为【居中对齐】，【填充】和【间距】都设置为 0，如图 10-37 所示。

步骤 02 将光标放置于表格中，执行【插入】→【图像】→【图像】命令，在表格中插入一幅图像（网盘 \ 素材文件 \ 第 10 章 \chuangkou.jpg），如图 10-38 所示。

步骤 03 单击【属性】面板上的【页面属性】按钮，打开【页面属性】对话框，在【左边距】、【右边距】、【上边距】和【下边距】文本框中都输入 0，如图 10-39 所示。

步骤 04 执行【文件】→【保存】命令，将网页文档保存，并命名为"弹出广告 .html"。完成后打开第 5 章制作的装饰公司网页，然后单击文档窗口左下角的 `<body>` 标签，如图 10-40 所示。

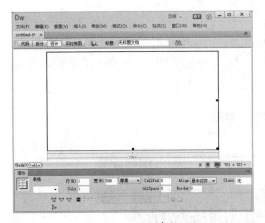

图 10-37　插入表格

图 10-38　插入图像

图 10-39　设置边距

图 10-40　打开网页

步骤 05　执行【窗口】→【行为】命令，打开【行为】面板，在面板上单击 + 按钮，在弹出的快捷菜单中选择【打开浏览器窗口】命令，如图 10-41 所示。

步骤 06　弹出【打开浏览器窗口】对话框，在【要显示的 URL】文本框中输入"弹出广告 .html"，在【窗口宽度】和【窗口高度】文本框中分别输入 508 与 418，在【窗口名称】文本框中输入文字"网站广告"，完成后单击【确定】按钮，如图 10-42 所示。

图 10-41　选择【打开浏览器窗口】命令

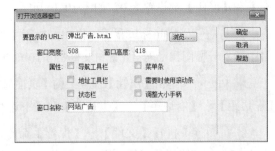

图 10-42　【打开浏览器窗口】对话框

步骤 07　在【行为】面板上选择【onLoad】事件，如图 10-43 所示。

步骤 08　执行【文件】→【保存】命令保存文档，然后按【F12】键浏览网页，在打开网页的同时弹出广告窗口，如图 10-44 所示。

图 10-43　选择【onLoad】事件

图 10-44　浏览网页

同步训练——创建弹出信息

通过上机实战案例的学习，为了增强读者的动手能力，下面安排一个同步训练案例，让读者达到举一反三、触类旁通的学习效果。

图解流程

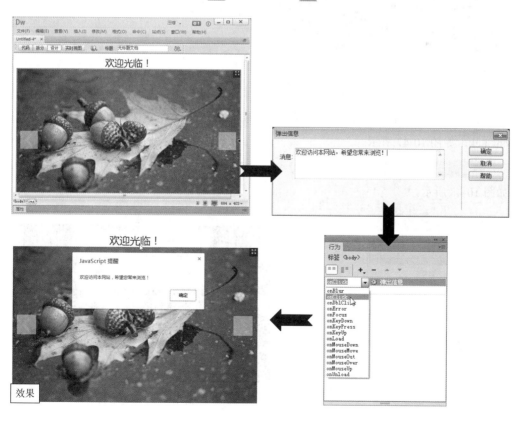

思路分析

浏览者进入网站后，当点击"欢迎光临"4个字时出现欢迎的话语。可以通过输入文本、插入图像与弹出信息动作来制作。

关键步骤

步骤 01 新建一个网页文件，在网页中输入"欢迎光临！"4个字，然后按下快捷键【Shift+Enter】强制换行，并插入一幅素材图像（网盘\素材文件\第10章\tcxx.jpg），如图10-45所示。

步骤 02 选中文本，单击【行为】面板上的 **+** 按钮，在打开的【动作】快捷菜单中选择【弹出信息】命令，打开【弹出信息】对话框，在【消息】文本框中输入所要弹出的文字信息，比如"欢迎访问本网站，希望您常来浏览！"，完成后单击【确定】按钮，如图10-46所示。

图 10-45　插入图像

图 10-46　【弹出信息】对话框

步骤 03 在【行为】面板中打开事件菜单，选择相应的事件项，这里选择onClick，如图10-47所示。

步骤 04 执行【文件】→【保存】命令，将文件保存，然后按下【F12】键浏览网页，如图10-48所示。

图 10-47　选择事件

图 10-48　浏览网页

知识能力测试

本章讲解了 Dreamweaver CC 中行为的操作，为了对知识进行巩固和考核，布置以下相应的练习题。

一、选择题

1. 在【行为】面板上，选择 ▦ 按钮表示的是（　　　）。

    A．显示触发事件　　　　　　　　　B．关闭触发事件

    C．显示所有事件　　　　　　　　　D．关闭所有事件

2. 使用（　　）动作在一个新的窗口中打开 URL，可以指定新窗口的属性、特性和名称。

    A．设置框架文本　　　　　　　　　B．调用 JavaScript

    C．打开浏览器窗口　　　　　　　　D．转到 URL

3. （　　　）动作用于改变 img 标签的 src 属性，即用另一张图像替换当前的图像。

    A．恢复交换图像　　　　　　　　　B．交换图像

    C．改变图像属性　　　　　　　　　D．转到 URL

二、判断题

1. 行为由事件和触发该事件的动作组成。　　　　　　　　　　　　　（　　　）

2. 【交换图像】动作是指当鼠标指针移出对象区域后，所有被替换显示的图像恢复为原始图像。　　　　　　　　　　　　　　　　　　　　　　　　　　（　　　）

3. 在页面中附加了行为后，用户可以更改触发动作的事件、更改动作的参数及添加或删除动作。　　　　　　　　　　　　　　　　　　　　　　　　　　（　　　）

三、操作题

1. 制作一个网页，当点击文字时，出现如图 10-49 所示的弹出信息。

图 10-49　弹出信息

2. 使用"打开浏览器窗口"动作制作一个网页弹出广告。

第 11 章
使用 HTML 代码辅助
制作网页

　　HTML（Hyper Text Markup Language，超文本标记语言）文件是一个包含标记的文本文件。用 HTML 编写的超文本文档称为 HTML 文档，它能独立于各种操作系统平台。本章主要介绍了 HTML 的知识，希望读者通过本章内容的学习，能了解 HTML 的基本结构，熟悉常用的基本标签，掌握 HTML 代码的编辑方法。

学习目标

- 了解 HTML 的基本结构
- 掌握 HTML 的常用基本标签
- 掌握表格的 HTML 代码
- 掌握超级链接的 HTML 代码
- 掌握 HTML 中图像的设置

11.1 HTML 简介

11.1.1 什么是 HTML

HTML 表示超文本标记语言。所谓超文本，是指 HTML 中可以加入图片、声音、动画、影视等内容，它可以从一个文件跳转到另一个文件。

通过 HTML 可以表现出丰富多彩的设计风格，具体如下。

图片调用：<img src=" 文件名 ">

文字格式：<font size="+5" color="00FFFF"> 文字 </font>

HTML 也可以实现页面之间的跳转，具体如下。

页面跳转：<a href=" 文件路径 / 文件名 "></a>

通过 HTML 还可以展现多媒体的效果，具体如下。

音频：<embed src=" 音乐文件名 "autostart=true>

视频：<embed src =" 视频文件名 "autostart=true>

通常在访问一个网页时，网页所在的服务器将用户请求的网页以 HTML 标签的形式发送到用户端，用户端的浏览器接收 HTML 代码，并使用自带的解释器解释并执行 HTML 标签，然后将执行结果以网页的形式展示给用户。

HTML 标签是被客户端的浏览器解读并显示的，所以是完全公开的。在 IE 浏览器中单击【查看】菜单，从中选择【源文件】命令，如图 11-1 所示，在打开的记事本中即可看到当前网页的 HTML 代码，如图 11-2 所示。

图 11-1　选择【源文件】命令

图 11-2　查看代码

11.1.2 创建 HTML 代码

HTML 文件其实可以用一个简单的文本编辑器来创建。在 Windows 的操作系统下，创建一个 HTML 文件的步骤如下。

步骤 01 单击【开始】按钮，在【开始】菜单中执行【程序】→【附件】→【记事本】命令，打开"记事本"文件，如图 11-3 所示。

步骤 02 在"记事本"中输入以下 HTML 文档，如图 11-4 所示。

```html
<html>
    <head>
        <title> 网页标题 </title>
    </head>
    <body>
        网页设计从这里起步
    </body>
</html>
```

图 11-3　打开"记事本"方件

图 11-4　输入代码

步骤 03 在"记事本"文件中执行【文件】→【另存为】命令，打开【另存为】对话框，在【保存类型】下拉列表中选择【所有文件】，然后在【文件名】文本框中输入文件名及扩展名（如 mypage.htm），最后设置保存路径，这样就建好了一个 HTML 文档，如图 11-5 所示。

步骤 04 打开该文件所在的目录，可以看到文件的图标已经变成了一个 HTML 文件，如图 11-6 所示。

图 11-5　保存文件　　　　　　　　　　图 11-6　打开文件所在的目录

 步骤 05　双击该文件，浏览器将显示此页面。标题栏显示"网页标题"，文档中出现文字"网页设计从这里起步"，如图 11-7 所示。

　　使用 Dreamweaver CC 创建一个页面是很容易的，而不需要在纯文本中编写代码。打开 Dreamweaver CC 切换到代码视图，可以看到 Dreamweaver 在新文档中已经自动创建了 HTML 文档，如图 11-8 所示。

图 11-7　打开网页　　　　　　　　　　图 11-8　代码视图

11.2　HTML 的基本结构

　　　　HTML 文档是由 HTML 元素组成的文本文件。HTML 元素是预定义正在使用的 HTML 标签，即 HTML 标签用来组成 HTML 元素。HTML 标签两端有两个包括字符"<"和">"，这两个包括字符称为角括号。标签通常成对出现，如 <body> 和 </body>。一对标签的前面一个是开始标签，后面一个是结束标签，在开始和结束标签之间的文本是元素内容。HTML 标签并不区分字母的大小写，例如，<title> 与 <TITLE> 所表示的含义是一致的。

　　HTML 主要由头部信息和主体信息两部分构成，如图 11-9 所示。头部信息是文档的开头部分，以 <head> 标签开始，</head> 标签结束。在标签对之间可包含文档总标题 <title>...</title>、脚本操作 <script>...</script> 等，如不需要也可以省略。<body> 标签是文档主题部分的开始，以 </body> 结束，其标签对包含众多的标签。<html>...</html> 标签在最外层，表示这对标签之间的内容是 HTML 文档，标签对之间包含所有 HTML 标签。

```
<html>
<head>头部信息</head>
<body>文档主体，正文部分</body>
</html>
```

图 11-9　头部信息和主体信息

下面是一个最基本的 HTML 文档的源代码。

```
<html>
<head>
<title>基本 HTML 示例 </title>
</head>
<body>
<center>
<h3> 我的主页 </h3>
<br>
<hr>
<font size=2>
这是我的第一个主页面，我都会努力做好的！
</font>
</center>
</body>
</html>
```

HTML 中的标签丰富多样，通过它们可以表现出丰富多彩的设计风格，下面就介绍标签的几种类型。

11.2.1　单标签

某些标签称为"单标签"，因为它只需单独使用就能完整地表达意思，这类标签的语法如下。

```
< 标签名称 >
```

最常用的单标签是
，它表示换行。

11.2.2　双标签

双标签由"始标签"和"尾标签"两部分构成，必须成对使用，其中"始标签"使浏览器从此处开始执行该标签所表示的功能，而"尾标签"告知浏览器在这里结束该功能。"始标签"前加一个斜杠（/）即成为尾标签，双标签的语法如下。

```
<标签>内容</标签>
```

其中"内容"部分就是这对标签要施加作用的部分，例如，想突出某段文字的显示，就可以将该段文字放在 ... 标签中，具体如下。

```
<em> 第一 :</em>
```

11.2.3　标签属性

在单标签和双标签的始标记内可以包含一些属性，其语法如下。

```
<标签名称 属性 1　属性 2　属性 3 ...>
```

各属性之间无先后次序，属性也可省略（即取默认值）。例如，单标签 <hr> 表示在文档当前位置绘制一条水平线，默认是从窗口中当前行的最左端一直到最右端，属性为 <hr size=3 align=left width="75%">，其中各属性的含义如下。

size：定义线的粗细，属性值取整数，默认值为 1。

align：表示对齐方式，可取 left（左对齐）、center（居中）、right（右对齐），默认值为"left（左对齐）"。

width：定义线的长度，可取相对值（由一对 "" 号括起来的百分数，表示相对于充满整个窗口的百分比），也可取绝对值（用整数表示的屏幕像素点的个数，如 width=300），默认值为"100%"。

11.3　常用标签

下面就介绍一下 HTML 中的常用标签。

11.3.1　<html>...</html>

学习 HTML 当然不能少了 <html> 标签，<html> 标签用来标识 HTML 文档的开始，</html> 则用来标识 HTML 文档的结束，两者成对出现，缺一不可。

<html>、</html> 在文档的最外层，文档中的所有文本和 html 标签都包含在其中，它表示该文档是以 HTML 编写的。事实上，现在常用的 Web 浏览器都可以自动识别 HTML 文档，并不要求有 <html> 标签，也不对该标签进行任何操作，但是为了使 HTML 文档能够适应不

断变化的 Web 浏览器，还是应该养成不省略这对标签的良好习惯。

11.3.2 <head>...</head>

构成 HTML 文档的头部部分是由 <head>...</head> 标签实现的，前面提到了 <head> 和 </head> 标签对，可以包含文档的标题，如 <title>...</title>、脚本代码 <script>...</script>，如图 11-10 所示。

```
1  <html>
2  <head>
3  <title>文档标题</title>
4  <script languange="javascript">
5  <!--
6  var i=1;
7  alert(i);
8  -->
9  </script>
10 </head>
11 <body>
12 </body>
13 </html>
14
```

图 11-10   <head>...</head> 标签

11.3.3 <body>...</body>

<body>...</body> 是 HTML 文档的主体部分，包含表格 <table>...</table>、超级链接 <a href>...</a>、换行
、水平线 <hr> 等许多标签，如图 11-11 所示。<body>...</body> 中所定义的文本和图像将通过浏览器显示出来。

```
1  <html>
2  <head>
3  <title>关于body标签</title>
4  </head>
5  <body>
6  <table width="450" border="0" cellspacing="0" cellpadding="0">
7    <tr>
8      <td width="300"><img src="image/Sunset.jpg" width="300" height="300"></td>
9      <td width="476"><p>关于body</p><p>标签对的文档</p></td>
10   </tr>
11   <tr>
12     <td><div align="center"><a href="http://www.sian.com.cn">链接到新浪网</a></div></td>
13     <td> </td>
14   </tr>
15 </table>
16 </body>
17 </html>
18
```

图 11-11   <body>...</body> 标签

11.3.4 <title>...</title>

<title>...</title> 标签对所包含的就是网页的标题，即浏览器顶部标题栏所显示的内容，如图 11-12 所示，将要显示的文字输入在 <title>...</title> 之间就可以了。

图 11-12   网页的标题

11.3.5　<hn>...</hn>

一般文章都有标题、副标题、章和节等结构，HTML 中也提供了相应的标题标签 <hn>，其中 n 为标题的等级，HTML 总共提供了 6 个等级的标题，n 越小，标题字号就越大，下面列出所有等级的标题格式。

  <h1>...</h1> 第一级标题

  <h2>...</h2> 第二级标题

  <h3>...</h3> 第三级标题

  <h4>...</h4> 第四级标题

  <h5>...</h5> 第五级标题

  <h6>...</h6> 第六级标题

请看如下的 HTML 代码。

```
<html>
<head>
<title>标题示例</title>
</head>
<body>
这是普通文字<p>
<h1>一级标题</h1>
<h2>二级标题</h2>
<h3>三级标题</h3>
<h4>四级标题</h4>
<h5>五级标题</h5>
<h6>六级标题</h6>
</body>
</html>
```

将以上代码保存为 HTML 文件，然后使用浏览器浏览，如图 11-13 所示。可以看出，标题的字体为加粗体，内容文字前后都插入了空行。

图 11-13　浏览效果

11.3.6

在 HTML 语言规范里，当浏览器窗口被缩小时，浏览器会自动将右边的文字转折至下一行。所以，对于决定需要换行的地方，应加上
 换行标签，
 为单标签。
 标签不管放在什么位置，都能够强制换行，如下面的 HTML 代码。

```
<html>
<head>
<title> 未用换行示例 </title>
</head>
<body>
静夜思   床前明月光，疑似地上霜，举头望明月，低头思故乡。
</body>
</html>
```

将以上代码保存为 HTML 文件，然后使用浏览器浏览，如图 11-14 所示。

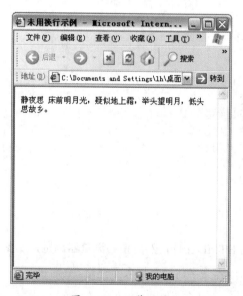

图 11-14　浏览效果

以上代码如使用换行标签则表示如下。

```
<html>
<head>
<title> 使用换行示例 </title>
</head>
<body>
静夜思 <br> 床前明月光，<br> 疑似地上霜，<br> 举头望明月，<br> 低头
思故乡。
</body>
</html>
```

再次把以上代码保存为 HTML 文件，然后使用浏览器浏览，效果如图 11-15 所示，这就是强制换行效果。

图 11-15 浏览效果

11.3.7 <p>...</p>

为了使文档在浏览器中显示时排列得整齐、清晰，在文字段落之间，通常用 <p>...</p> 来标记。文件段落的开始由 <p> 来标记，段落的结束由 </p> 来标记。标签 </p> 是可以省略的，因为下一个 <p> 的开始就意味着上一个 <p> 的结束。

<p> 标签还有一个属性 align，它用来指明字符显示时的对齐方式，一般有 center、left、right 这 3 种对齐方式。center 表示居中显示文档内容，left 表示靠左对齐显示文档内容，right 则表示靠右对齐显示文档内容。

下面举例说明 <p> 标签的用法。

```
<html>
<head>
<title>段落标签</title>
</head>
<body>
<p align=center>
虞美人
<p align=left>春花秋月何时了，
<p align=right>往事知多少。
<p align=left>小楼昨夜又东风，
<p align=right>故国不堪回首月明中。</p>
</body>
</html>
```

将这段代码保存为 HTML 文件（扩展名为 .htm 或 .html），然后用 IE 浏览器打开它，显示效果如图 11-16 所示。

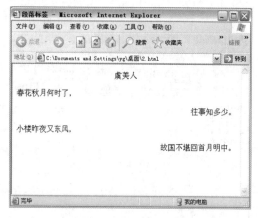

图 11-16　浏览效果

11.3.8　<hr>

这个标签可以在屏幕上显示一条水平线，用以分割页面中的不同部分，<hr> 也是单标签。<hr> 有 4 个属性，分别是 size、width、align 和 noshade，具体含义如下。

- size：水平线的宽度。
- width：水平线的长，用占屏幕宽度的百分比或像素值来表示。
- align：水平线的对齐方式，有 left、right、center 这 3 种模式。
- noshade：线段无阴影属性，为实心线段。

下面用几个例子来说明 <hr> 标签的用法。

1．标签 <hr> 线段粗细的设定

HTML 代码如下。

```
<html>
<head>
<title> 标签 <hr> 线段粗细的设定 </title>
</head>
<body>
<p>这是第一条线段，无 size 设定，取默认值 size=1 来显示 <br>
<hr>
<p>这是第二条线段，size=5<br>
<hr SIZE=5>
<p>这是第三条线段，size=10<br>
<hr size=10>
</body>
</html>
```

把以上代码保存为 HTML 文件，然后使用浏览器浏览，如图 11-17 所示。

图 11-17 浏览效果

2. 标签 <hr> 线段长度的设定

HTML 代码如下。

```
<html>
<head>
<title> 标签 <hr> 线段长度的设定 </title>
</head>
<body>
<p> 这是第一条线段，无 width 设定，取 width 默认值 100% 来显示 <br>
<hr size=3>
<p> 这是第二条线段，width=50（点数方式）<br>
<hr width=50 size=5>
<p> 这是第三条线段，width=50%（百分比方式）<br>
<hr width=50% size=7>
</body>
</html>
```

把以上代码保存为 HTML 文件，然后使用浏览器浏览，如图 11-18 所示。

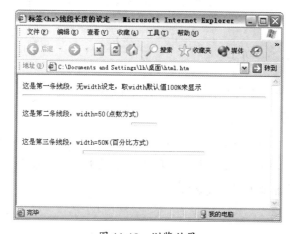

图 11-18 浏览效果

3. 标签 <hr> 线段排列的设定

HTML 代码如下。

```
<html>
<head>
<title> 标签 <hr> 线段排列的设定 </title>
</head>
<body>
<p> 这是第一条线段，无 align 设定，取默认值 center（居中）显示 <br>
<hr width=50% size=5>
<p> 这是第二条线段，向左对齐 <br>
<hr width=60% size=7 align=left>
<p> 这是第三条线段，向右对齐 <br>
<hr width=70% size=2 align=right>
</body>
</html>
```

把以上代码保存为 HTML 文件，然后使用浏览器浏览，如图 11-19 所示。

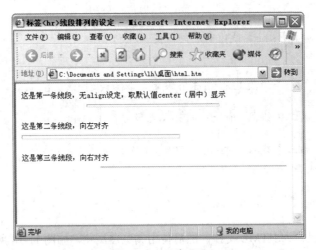

图 11-19　浏览效果

11.3.9　<font>...</font>

<font>...</font> 标签主要用来设置文字的属性，比如字号、字体、文字颜色等。

1. 设置文字字号

<font> 标签有一个属性 size，通过指定 size 属性就能设置字号大小，而 size 属性的有效值范围为 1~7，其中默认值为 3。还可以在 size 属性值之前加上"＋""－"字符，来指定相对于字号初始值的增量或减量。

请看以下示例代码。

```
<html>
<head>
<title>设置字号的 font 标签 </title>
</head>
<body>
<font size=7> 这是 size=7 的字体 </font><p>
<font size=6> 这是 size=6 的字体 </font><p>
<font size=5> 这是 size=5 的字体 </font><p>
<font size=4> 这是 size=4 的字体 </font><p>
<font size=3> 这是 size=3 的字体 </font><p>
<font size=2> 这是 size=2 的字体 </font><p>
<font size=1> 这是 size=1 的字体 </font><p>
<font size=-1> 这是 size=-1 的字体 </font><p>
</body>
</html>
```

把以上代码保存为 HTML 文件，然后使用浏览器浏览，如图 11-20 所示。

图 11-20　浏览效果

2．设置文字的字体与样式

<font> 标签有一个属性 face，用 face 属性可以设置文字的字体，其属性值可以是任一字体类型，但只有对方的计算机中装有相同的字体，才可以在他的浏览器中出现预先设计的字体风格。

face 属性的语法标签如下。

```
<font face=" 字体 ">
```

请看以下的示例代码。

```
<html>
<head>
<title>设置字体</title>
</head>
<body>
<center>
<font face=" 楷体_GB2312">欢迎光临</font><p>
<font face=" 宋体">欢迎光临</font><p>
<font face=" 仿宋_GB2312">欢迎光临</font><p>
<font face=" 黑体">欢迎光临</font><p>
<font face="Arial">Welcome my homepage.</font><p>
<font face="gautami">Welcome my homepage.</font><p>
</center>
</body>
</html>
```

把以上代码保存为 HTML 文件，然后使用浏览器浏览，如图 11-21 所示。

图 11-21　浏览效果

为了让文字富有变化，或者为了强调某一部分，HTML 提供了一些标签产生这些效果，现将常用的标签列举如下。

- <B>...</B>：将字体显示为粗体。

- <I>...</I>：将字体显示为斜体。

- <U>...</U>：将字体显示为加下划线。

- <TT>...</TT>：将字体显示为打字机字体。

- <BIG>...</BIG>：将字体显示为大型字体。

- <SMALL>...</SMALL>：将字体显示为小型字体。

- <BLINK>...</BLINK>：将字体显示为闪烁效果。

- <EM>...</EM>：强调，一般为斜体。

- <STRONG>...</STRONG>：特别强调，一般为粗体。

- <CITE>...</CITE>：用于引证、举例，一般为斜体。

请看以下示例代码。

```
<html>
<head>
<title>字体样式</title>
</head>
<body>
<B>黑体字</B>
<P> <I>斜体字</I>
<P> <U>加下划线</U>
<P> <BIG>大型字体</BIG>
<P> <SMALL>小型字体</SMALL>
<P> <BLINK>闪烁效果</BLINK>
<P><EM>Welcome</EM>
<P><STRONG>Welcome</STRONG>
<P><CITE>Welcome</CITE></P>
</body>
</html>
```

把以上代码保存为 HTML 文件，然后使用浏览器浏览，如图 11-22 所示。

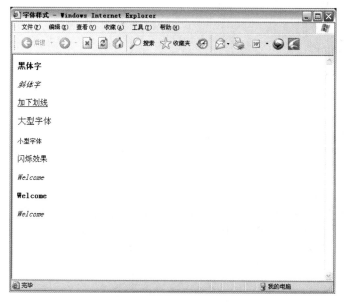

图 11-22　浏览效果

3．设置字体的颜色

<font> 标签有一个属性 color，通过 color 属性可以调整文字的颜色，color 属性的语法标签如下。

```
<font color=value>...</font>
```

这里的颜色值可以是一个十六进制数（用 # 作为前缀）的色标值，也可以是下面 16 种颜色的名称。

Black=#000000

Green=#008000

Silver=#C0C0C0

Lime=#00FF00

Gray=#808080

Olive=#808000

White=#FFFFFF

Yellow=#FFFF00

Maroon=#800000

Navy=#000080

Red=#FF0000

Blue=#0000FF

Purple=#800080

Teal=#008080

Fuchsia=#FF00FF

Aqua=#00FFFF

请看以下示例代码。

```
<html>
<head>
<title>字体的颜色</title>
</head>
<body>
<center>
<font color=Black>各种颜色的字体</font><br>
<font color=Red>各种颜色的字体</font> <br>
<font color=#00FFFF>各种颜色的字体</font><br>
<font color=#FFFF00>各种颜色的字体</font><br>
<font color=#800000>各种颜色的字体</font> <br>
<font color=#00FF00>各种颜色的字体</font><br>
<font color=#C0C0C0>各种颜色的字体</font><br>
</center>
</body>
</html>
```

将以上代码保存为 HTML 文件，然后使用浏览器浏览，效果如图 11-23 所示。

图 11-23　浏览效果

课堂范例——制作网站公告

步骤 01　新建一个网页文件，单击【属性】面板上的【页面属性】按钮，打开【页面属性】对话框，为网页设置一幅背景图像（网盘 \ 素材文件 \ 第 11 章 \gonggao.jpg），如图 11-24 所示。

步骤 02　执行【插入】→【表格】命令，插入一个 1 行 1 列、宽度为 600 像素的表格，并在【属性】面板中将填充、间距与边框都设置为 0，把对齐方式设置为【居中对齐】，如图 11-25 所示。

图 11-24　设置背景图像

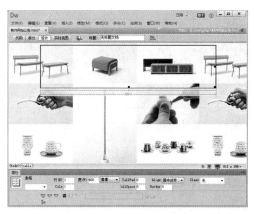

图 11-25　插入表格

步骤 03　将光标置于表格中，单击 代码 按钮切换到代码视图，然后将 <td height="370"> </td> 中的 " " 删除，如图 11-26 所示。

步骤 04 在 `<td height="370">` 和 `</td>` 之间输入公告文字，如图 11-27 所示。

图 11-26 删除代码

图 11-27 输入文字 1

步骤 05 在输入的文字前面添加代码 `<marquee style="color: #000000" scrollamount="2">`，如图 11-28 所示。

步骤 06 在输入的文字后面添加代码 `</marquee>`，如图 11-29 所示。

图 11-28 输入代码 1

图 11-29 输入代码 2

步骤 07 在 `<title>` 与 `</title>` 之间输入文字"网站公告"，如图 11-30 所示，然后单击【属性】面板上的【刷新】按钮。

步骤 08 执行【文件】→【保存】命令保存文档，然后按【F12】键浏览网页即可，如图 11-31 所示。

图 11-30 输入文字 2

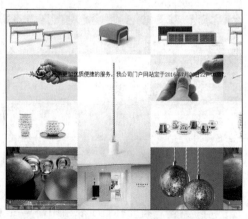

图 11-31 浏览网页

课堂问答

通过本章的讲解，读者对网页中的 HTML 代码有了一定的了解，下面列出一些常见的问题供学习参考。

问题 ❶：<title>...</title> 标签对什么情况没有作用呢？

答：<title>...</title> 必须位于 <head>...</head> 标签对之间，否则无效。

问题 ❷：在浏览器中输入网址时，很多网站都会在前面出现小图标，这是怎么制作的呢？

答：首先，必须了解所谓的图标（Icon）是一种特殊的图形文件格式，它以 .ico 作为扩展名。用户可以使用图标制作软件制作一个小图标，图标的大小为 16×16（以像素为单位），并放在该网页的根目录下。在网页文件的 head 部分加入下面的内容。

<LINK REL="SHORTCUT ICON" HREF=" http://wangyezhizuo.net/ 图标文件名 ">

wangyezhizuo.net 就是在浏览器中输入的网址，用户可自行替换。

问题 ❸：如何清理 HTML 代码？

答：使用 Dreamweaver 编辑网页时，难免会出现多余的 HTML 代码，可以执行【命令】→【清理 HTML】命令来清理。

上机实战——制作网页中文字放大镜效果

通过本章的学习，为了让读者巩固本章知识点，下面讲解一个技能综合案例，使大家对本章的知识有更深入的了解。

效果展示

思路分析

要想实现网页中文字随着鼠标指针经过突然变大的效果，就需要通过切换到代码视图中添加 HTML 来制作。

制作步骤

步骤 01　新建一个网页文件，单击 代码 按钮进入代码视图，在 \<body> 和 \</body> 标签之间输入如下代码，代码在代码视图中的显示效果如图 11-32 所示。

```
<style type="text/css">
<!--
a {
    float:left;
    margin:5px 1px 0 1px;
    width:20px;
    height:20px;
    color:#FFF;
    font:12px/20px 宋体;
    text-align:center;
    text-decoration:none;
    border:1px solid orange;
    }
a:hover {
    position:relative;
    margin:0 -9px 0 -9px;
    padding:0 5px;
    width:30px;
    height:30px;
    font:bold 16px/30px 宋体;
    color:#000;
    border:1px solid black;
    background:#eee;
    }
-->
</style>
<div>
<a href="#"> 随 </a>
<a href="#"> 着 </a>
<a href="#"> 爽 </a>
<a href="#"> 游 </a>
<a href="#"> 一 </a>
<a href="#"> 起 </a>
<a href="#"> 去 </a>
<a href="#"> 远 </a>
<a href="#"> 方 </a>
</div>
```

　　　执行【修改】→【页面属性】命令，打开【页面属性】对话框，在对话框中为网页设置一幅背景图像（网盘\素材文件\第 11 章\fdwz.jpg），如图 11-33 所示。

图 11-32　添加代码　　　　　　　　　　　　　图 11-33　设置背景图像

　　　执行【文件】→【保存】命令保存文档，然后按【F12】键浏览网页，如图 11-34 所示。

图 11-34　浏览网页

🌐 同步训练——检测用户屏幕分辨率

　　通过上机实战案例的学习，为了增强读者的动手能力，下面安排一个同步训练案例，让读者达到举一反三、触类旁通的学习效果。

图解流程

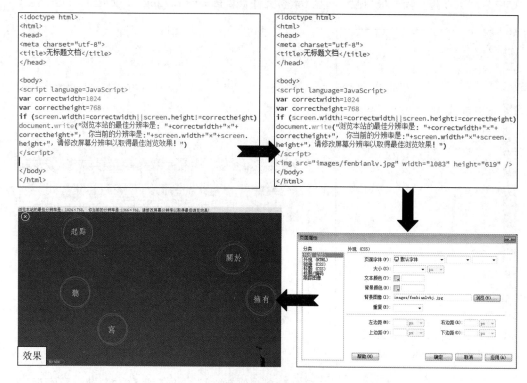

思路分析

本例首先通过输入代码设置最佳分辨率，然后插入图像，最后为网页添加背景图像。

关键步骤

步骤 01　新建一个网页文件，单击 代码 按钮进入代码视图，在 <body> 和 </body> 标签之间输入如下代码，代码在代码视图中的显示效果如图 11-35 所示。

```
<script language=JavaScript>
var correctwidth=1024
var correctheight=768
if (screen.width!=correctwidth||screen.height!=correctheight)
document.write("浏览本站的最佳分辨率是：  "+correctwidth+"×"+
correctheight+",你当前的分辨率是:"+screen.width+"×"+screen.
height+",请修改屏幕分辨率以取得最佳浏览效果！")
</script>
```

步骤 02　在刚添加的代码下方继续输入如下代码，表示在网页中插入一幅名称为 fenbianlv 的 JPG 格式的图像，如图 11-36 所示。

```
<img src="images/fenbianlv.jpg" width="1083" height="619" />
```

```
<!doctype html>
<html>
<head>
<meta charset="utf-8">
<title>无标题文档</title>
</head>

<body>
<script language=JavaScript>
var correctwidth=1024
var correctheight=768
if (screen.width!=correctwidth||screen.height!=correctheight)
document.write("浏览本站的最佳分辨率是："+correctwidth+"×"+
correctheight+"，你当前的分辨率是："+screen.width+"×"+screen.
height+"，请修改屏幕分辨率以取得最佳浏览效果！")
</script>

</body>
</html>
```

图 11-35 输入代码 1

```
<!doctype html>
<html>
<head>
<meta charset="utf-8">
<title>无标题文档</title>
</head>

<body>
<script language=JavaScript>
var correctwidth=1024
var correctheight=768
if (screen.width!=correctwidth||screen.height!=correctheight)
document.write("浏览本站的最佳分辨率是："+correctwidth+"×"+
correctheight+"，你当前的分辨率是："+screen.width+"×"+screen.
height+"，请修改屏幕分辨率以取得最佳浏览效果！")
</script>
<img src="images/fenbianlv.jpg" width="1083" height="619" />
</body>
</html>
```

图 11-36 输入代码 2

步骤 03 执行【修改】→【页面属性】命令，打开【页面属性】对话框，在对话框中为网页设置一幅背景图像（网盘＼素材文件＼第 11 章＼fenbianlvbj.jpg），如图 11-37 所示。

步骤 04 执行【文件】→【保存】命令，将文件保存，然后按下【F12】键浏览网页，如图 11-38 所示。

图 11-37 设置背景图像

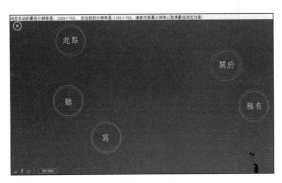

图 11-38 浏览网页

知识能力测试

本章讲解了 Dreamweaver CC 中的 HTML 代码，为了对知识进行巩固和考核，布置以下相应的练习题。

一、填空题

1. HTML 主要由_____和_____两部分构成。

2. HTML 文档的头部部分是由_____标签实现的。

3. _____标签对所包含的就是网页的标题，即浏览器顶部标题栏所显示的内容。

二、判断题

1. 一般文章都有标题、副标题、章和节等结构，HTML 中也提供了相应的标题标签
。
（   ）

2．<font>...</font> 可以在屏幕上显示一条水平线，用以分割页面中的不同部分。

（　　）

3．双标签由"始标签"和"尾标签"两部分构成，必须成对使用。　　　（　　）

三、操作题

1．在网页中制作文字放大镜效果。

2．制作一个网页来检测用户的屏幕分辨率。

CC
DREAMWEAVER

第 12 章
使用 CSS 样式表修饰
美化网页

　　CSS 样式表是一系列格式规则，使用 CSS 样式可以灵活控
制网页外观，从精确的布局定位到特定的字体样式，都可以使
用 CSS 样式来完成。本章主要介绍 Dreamweaver 中的 CSS 样
式表，希望读者通过本章内容的学习，能掌握 CSS 的语法、属
性等知识。

学习目标

- 了解 CSS 的基本语法
- 掌握 CSS 中字体及文本控制的方法
- 掌握 CSS 中颜色及背景控制的方法
- 掌握 CSS 中方框的控制属性
- 掌握 CSS 中的分类属性

12.1 CSS 概述

12.1.1 什么是 CSS

CSS（Cascading Style Sheets，层叠样式表）是一组样式，样式中的属性在 HTML 元素中依次出现，并显示在浏览器中。样式可以定义在 HTML 文件的标志（TAG）里，也可以定义在外部附件文件中。如果是附件文件，一个样式表可以用于多个页面，甚至整个站点，因此具有更好的易用性和扩展性。

CSS 的每个样式表都由相对应的样式规则组成，使用 HTML 中的 style 组件就可以把样式规则加入到 HTML 中。style 组件位于 HTML 的 head 部分，其中也包含网页的样式规则。由此可以看出，CSS 的语句是内嵌在 HTML 文档内的，所以编写 CSS 的方法和编写 HTML 文档的方法是一样的，如下代码所示。

```
<html>
<style type="text/css">
<!--
body {font:11pt "Arial"}
h1 {font:15pt/17pt "Arial"; font-weight:bold; color:maroon}
h2 {font:13pt/15pt "Arial"; font-weight:bold; color:blue}
p {font:10pt/12pt "Arial"; color:black}
-->
</style>
<body>
```

Dreamweaver CC 中对样式表的支持达到了一个比较高的程度。通过【样式】面板可以对网页中的样式表进行管理，其中建立样式表的几种方式将样式表的应用优点体现得淋漓尽致，而且通过扩展可以用样式表制作比较复杂的样式。

12.1.2 CSS 的基本语法

CSS 语句是内嵌在 HTML 文档内的，所以编写 CSS 的方法和编写 HTML 文档的方法是一样的，可以用任何一种文本编辑工具来编写，比如 Dreamweaver 和 Windows 下的记事本和写字板及专门的 HTML 文本编辑工具（如 FrontPage、UltraEdit 等）。

CSS 的代码都是由一些最基本的语句构成，它的基本语句的语法如下。

```
Selector {property:value}
```

在以上语法中，property:value 指的是样式表定义，property 表示属性，value 表示属性值，属性与属性值之间用冒号（:）隔开，属性值与属性值之间用分号（;）隔开，因此以上语法也可以表示如下。

选择符｛属性 1：属性值 1；属性 2：属性值 2｝

Selector 是选择符，一般都是定义样式 HTML 的标记，如 table、body、p 等，请看以下代码示例。

p｛font-size:48;font-style:bold ;color:red｝

这里的 p 用来定义该段落内的格式；font-size、font-style 和 color 是属性，分别定义 P 中字体的大小（size）、样式（style）和颜色（color）；而 48、bold、red 是属性值，意思是以 48pt、粗体、红色的样式显示该段落。

12.2　伪类、伪元素及样式表的层叠顺序

下面介绍 CSS 中的伪类和伪元素及样式表的层叠顺序。

12.2.1　伪类和伪元素

一般来说，选择符可以和多个类采用捆绑的形式来设定，这样虽然能够为同一个选择符创建多种不同的样式，但同时也限制了所设定的类不能被其他的选择符所使用。伪类的产生就是为了解决这个问题，每个预声明的伪类都可以被所有的 HTML 标识符引用，当然有些块级内容的设置除外。

伪类和伪元素是 CSS 中特殊的类和元素，它们能够自动被支持 CSS 的浏览器所识别。伪类可以用于文档状态的改变、动态的事件等，例如，visited links（已点击访问的链接）和 active links（可激活链接）描述了两个定位锚（anchors）的类型。伪元素是指元素的一部分，如段落的第一个字母。

伪类或伪元素规则的形式有两种，分别如下。

选择符：伪类　　｛属性：属性值｝
选择符：伪元素 ｛属性：属性值｝

CSS 类也可以与伪类、伪元素一起使用，有两种表示方式，分别如下。

```
选择符 . 类 : 伪类    { 属性 : 属性值 }
选择符 . 类 : 伪元素  { 属性 : 属性值 }
```

1．定位锚伪类

伪类可以指定以不同的方式显示链接（links）、已访问链接（visited links）和可激活链接（active links）。

一个有趣的效果是使当前链接以不同颜色、更大的字体显示，然后当网页的已访问链接被重选时，又以不同颜色、更小字体显示，这个样式表的示例如下。

```
A:link    { color:red }
A:active  { color:blue; font-size:125% }
A:visited { color:green; font-size:85% }
```

2．首行伪元素

通常在报纸上文章的文本首行都会以粗印体且全部大写展示，CSS 也具有这个功能，将其作为一个伪元素。首行伪元素可用于任何块级元素，如 P、H1 等，以下是一个首行伪元素的例子。

```
P:first-line {font-variant:small-caps;font-weight:bold}
```

3．首字母伪元素

首字母伪元素用于 drop caps（下沉行首大写字母）和其他效果。首字母伪元素可用于任何块级元素，如以下代码所示。

```
P:first-letter { font-size:500%; float:left }
```

以上代码表示首字母的显示效果是普通字体的 5 倍。

12.2.2 样式表的层叠顺序

当使用了多个样式表时，样式表需要指定选择符的控制权。在这种情况下，总会有样式表的规则能获得控制权，以下的特性将决定互相对立的样式表的结果。

1．! important

可以用 ! important 把样式特指为重要的样式，一个重要的样式会大于其他相同权重的样式。当网页设计者和浏览者都指定了样式规则时，网页设计者所指定的规则是高于浏览者的，以下是 ! important 声明的例子。

```
BODY { background:url(bar.gif) white;background-
repeat:repeat-x ! important }
```

2．Origin of Rules

网页设计者和浏览者都有能力去指定样式表，当两者的规则发生冲突时，在相同权重的情况下，网页设计者的规则会高于浏览者的规则。但网页设计者和浏览者的样式表规则都高于浏览器的内置样式表规则。

网页制作者应该谨慎使用！important 规则，例如，用户可能会要求以大字体显示或指定颜色，因为这些样式对于用户阅读网页是极为重要的。任何！important 规则都会超越一般的规则，所以建议网页制作者使用一般的规则以确保有特殊样式需要的用户能阅读网页。

3．特性的顺序

为了方便使用，当两个规则具有同样的权重时，取后面那个规则。

12.3　CSS 中的属性

从 CSS 的基本语句就可以看出，属性是 CSS 非常重要的部分。熟练掌握 CSS 的各种属性会使编辑页面更加方便，下面就介绍 CSS 中的几种重要属性。

12.3.1　CSS 中的字体及文本控制

下面介绍 CSS 中的字体及文本控制技术。

1．字体属性

字体属性是最基本的属性，网页制作中经常会使用到，它主要包括以下这些属性。

（1）font-family

font-family 是指使用的字体名称，其属性值可以选择在本机上所有的字体，基本语法如下。

```
font-family:字体名称
```

请看以下代码示例。

```
<p style="font-family:Verdana">SPRING</p>
```

这行代码定义了 SPRING 将以 Verdana 字体显示，如图 12-1 所示。

如果在 font-family 后加上多种字体的名称，浏览器会按字体名称的顺序逐一在用户的计算机里寻找已经安装的字体，一旦遇到与要求的相匹配的字体，就按这种字体显示网页内容并停止搜索；如果不匹配就继续搜索直到找到为止；如果样式表

图 12-1　设置 Verdana 字体

里的所有字体都没有安装的话，浏览器就会用自己默认的字体来替代显示网页内容。

（2）font-style

font-style 是指字体是否使用特殊样式，属性值为 italic（斜体）、bold（粗体）、oblique（倾斜），其基本语法如下。

```
font-style: 特殊样式属性值
```

请看以下代码示例。

```
<p style="font-style:italic"> SPRING </p>
```

这行代码定义了 font-style 属性为斜体（italic），如图 12-2 所示。

图 12-2　设置斜体

（3）text-transform

text-transform 用于控制文字的大小写。该属性可以使网页的设计者不用在输入文字时就确定文字的大小写，而可以在输入完毕后，根据需要对局部的文字设置大小写，其基本语法如下。

```
text-transform: 大小写属性值
```

控制文字大小写的属性值如下。
- uppercase：表示所有文字大写显示。
- lowercase：表示所有文字小写显示。
- capitalize：表示每个单词的首字母大写显示。
- none：不继承母体的文字变形参数。

（4）font-size

font-size 定义字体的大小，其基本语法如下。

```
font-size: 字号属性值
text-decoration
```

text-decoration 表示文字的修饰。文字修饰的主要用途是改变浏览器显示文字链接时的下划线，基本语法如下。

```
text-decoration: 下划线属性值
```

下划线属性值的相关介绍如下。

- underline：为文字加下划线。
- overline：为文字加上划线。
- line-through：为文字加删除线。
- blink：使文字闪烁。
- none：不显示上述任何效果。

2．文本属性

（1）word-spacing

word-spacing 表示单词间距。单词间距指的是英文单词之间的距离，不包括中文文字，其基本语法如下。

```
word-spacing: 间隔距离属性值
```

间隔距离的属性值为 points、em、pixels、in、cm、mm、pc、ex、normal 等。

（2）letter-spacing

letter-spacing 表示字母间距，字母间距是指英文字母之间的距离。该属性的功能、用法及参数设置和 word-spacing 很相似，其基本语法如下。

字母间距的属性值与单词间距相同，分别为 points、em、pixels、in、cm、mm、pc、ex、normal 等。

（3）line-height

line-height 表示行距，行距是指上下两行基准线之间的垂直距离。一般来说，英文五线格练习本从上往下数第 3 条横线就相当于计算机所认为的该行的基准线，其基本语法如下。

```
line-height: 行间距离属性值
```

关于行距的取值，不带单位的数字是以 1 为基数，相当于比例关系的 100%；带长度单位的数字是以具体的单位为准。

如果文字字号很大，而行距相对较小的话，可能会发生上下两行文字互相重叠的现象。

（4）text-align

text-align 表示文本水平对齐，该属性可以控制文本的水平对齐，而且并不仅仅指文字内容，也包括设置图片、影像资料的对齐方式，其基本语法如下。

```
text-align: 属性值
```

text-align 的属性值分别如下。

- left：左对齐。
- right：右对齐。
- center：居中对齐。
- justify：相对左右对齐。

需要注意的是 text-alight 是块级属性，只能用于 <p>、<blockquqte>、<ul>、<h1>~<h6> 等标识符。

（5）vertical-align

vertical-align 表示文本垂直对齐。文本的垂直对齐应当是相对于文本母体的位置而言，不是指文本在网页里垂直对齐。例如，表格的单元格里有一段文本，那么对这段文本设置垂直居中就是针对单元格来衡量的，也就是说文本将在单元格的正中，而不是整个网页的正中显示。其基本语法如下。

```
vertical-align: 属性值
```

vertical-align 的属性值分别如下。

- top：顶对齐。
- bottom：底对齐。
- text-top：相对文本顶对齐。
- text-bottom：相对文本底对齐。
- baseline：基准线对齐。
- middle：中心对齐。
- sub：以下标的形式显示。
- super：以上标的形式显示。

（6）text-indent

text-indent 表示文本的缩进，主要用于中文版式的首行缩进，或是将大段的引用文本和备注做成缩进的格式，其基本语法如下。

```
text-indent: 缩进距离属性值
```

缩进距离属性值主要是带长度单位的数字或比例关系。

需要注意的是，在使用比例关系的时候，有人会认为浏览器默认的比例是相对段落的宽度而言的，其实并非如此，整个浏览器的窗口才是浏览器所默认的参照物。

另外，text-indent 是块级属性，只能用于 <p>、<blockquqte>、<ul>、<h1>~<h6> 等标识符。

12.3.2 CSS 中的颜色及背景控制

CSS 中的颜色及背景控制主要是对颜色属性、背景颜色、背景图像、背景图像的重复、背景图像的固定和背景定位这 6 个部分的控制。

1. 对颜色属性的控制

颜色属性允许网页制作者指定一个元素的颜色，在查看单位时可以知道颜色值的描述，基本语法如下。

```
color: 颜色参数值
```

颜色取值范围可以用 RGB 值表示，也可以使用十六进制数字色标值表示或者以默认颜色的英文名称表示。以默认颜色的英文名称表示无疑是最方便的，但由于预定义的颜色种类太少，所以更多的网页设计者会使用 RGB 方式或十六进制的数字色标值。RGB 方式可以用数字的形式精确地表示颜色，也是很多图像制作软件（如 Photoshop）默认使用的规范。

2. 对背景颜色的控制

在 HTML 当中，要为某个对象加上背景色只有一种方式，即先做一个表格，在表格中设置背景色，再把对象放进单元格中。这样做比较麻烦，不但代码较多，而且表格的大小和定位也有些麻烦。而用 CSS 则可以轻松地解决这些问题，且对象的范围广，可以是一段文字，也可以只是一个单词或一个字母。其基本语法如下。

```
background-color: 参数值
```

属性值同颜色属性取值相同，可以用 RGB 值表示，也可以使用十六进制数字色标值表示，或者以默认颜色的英文名称表示，其默认值为 transparent（透明）。

3. 对背景图像的控制

对背景图像的控制的基本语法如下。

```
background-image:url(URL)
```

URL 是背景图像的存放路径。如果用 none 来代替背景图像的存放路径，则不显示图像。用该属性来设置一个元素的背景图像，其代码如下。

```
body { background-image:url(/images/1.gif) }
p { background-image:url(http://www.html.com/1.png) }
```

4．对背景图像重复的控制

背景图像重复控制的是背景图像是否平铺。当属性值为 no-repeat 时，不重复平铺背景图像；当属性值为 repeat -x 时，使图像只在水平方向上平铺；当属性值为 repeat -y 时，使图像只在垂直方向上平铺。也就是说，结合背景定位的控制，可以在网页上的某处单独显示一幅背景图像，基本语法如下。

```
background-repeat: 属性值
```

如果不指定背景图像重复的属性值，浏览器默认的是背景图像向水平、垂直两个方向同时平铺。

5．对背景图像固定的控制

背景图像固定控制背景图像是否随网页的滚动而滚动。如果不设置背景图像固定属性，浏览器默认背景图像随网页的滚动而滚动，基本语法如下。

```
background-attachment: 属性值
```

当属性值为 fixed 时，网页滚动时背景图片相对于浏览器的窗口固定不动；当属性值为 scroll 时，网页滚动时背景图片相对于浏览器的窗口一起滚动。

6．背景定位

背景定位用于控制背景图片在网页中的显示位置，基本语法如下。

```
background-position: 属性值
```

- top：相对前景对象顶对齐。
- bottom：相对前景对象底对齐。
- left：相对前景对象左对齐。
- right：相对前景对象右对齐。
- center：相对前景对象中心对齐。

温馨提示

属性值中的 center 如果用在另外一个属性值的前面，表示水平居中；如果用在另外一个属性值的后面，表示垂直居中。

12.3.3　CSS 中方框的控制属性

CSS 样式表规定了一个容器（BOX），它存储一个对象的所有可操作的样式，包括对象本身、边框空白、对象边框、对象间隙 4 个方面，它们之间的关系如图 12-3 所示。

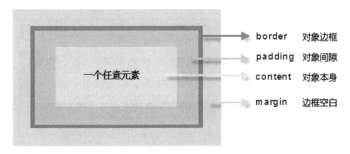

图 12-3　容器（BOX）

1．边框空白

如图 12-3 所示，边框空白位于 BOX 模型的最外层，包括 4 项属性，格式分别如下。

- margin-top：顶部空白距离。
- margin-right：右边空白距离。
- margin-bottom：底部空白距离。
- margin-left：左边空白距离。

空白的距离可以用带长度单位的数字表示。如果使用上述属性的简化方式 margin，可以在其后连续加上 4 个带长度单位的数字，设置元素相应边与框边缘之间的相对或绝对距离，有效单位为 mm、cm、in、pixels、pt、pica、ex 和 em。

以父元素宽度的百分比设置边界尺寸或是 auto（自动），这个设置取浏览器的默认边界，分别表示 margin-top、margin-right、margin-bottom、margin-left，每个数字中间要用空格分隔，如以下代码所示。

```
<html>
<head>
<title>CSS 示例 </title>
<meta http-equiv="Content-Type" content="text/html;
charset=gb2312">
</head>
<body bgcolor="#FFFFFF">
<pstyle="BACKGROUND:gray;FONT-SIZE:20pt;MARGIN-
TOP:1em"title="margin-top:1em;font-size:20pt;background:
gray">MARGIN-TOP</p>
<pstyle="BACKGROUND:lightgreen;FONT-SIZE:16pt;MARGIN-
LEFT:70px;MARGIN-RIGHT:50px"title="margin-left:70px;
margin-right:50px;font-size:16pt;background:lightgreen">M
```

```
ARGIN-LEFT,RIGHT</p>
</body>
</html>
```

将以上代码保存，使用浏览器打开，效果如图 12-4 所示。

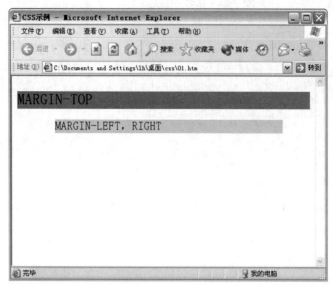

图 12-4　浏览效果 1

再看以下代码。

```
<html>
<head>
<title>CSS 示例</title>
<meta http-equiv="Content-Type" content="text/html;
charset=gb2312">
</head>
<body bgcolor="#FFFFFF">
<pstyle="background:lightgreen;margin:2em 10% 5% 20%"
title="margin:2em 10% 5% 20%;background:lightgreen">段落边
界设置</p>
</body>
</html>
```

将以上代码保存，使用浏览器打开，效果如图 12-5 所示。

2．对象边框

位于边框空白和对象间隙之间，包括 7 项属性，格式分别如下。

- border-top：顶边框宽度。

- border-right：右边框宽度。

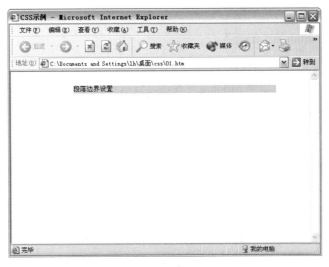

图 12-5　浏览效果 2

- border-bottom：底边框宽度。
- border-left：左边框宽度。
- border-width：所有边框宽度。
- border-color：边框颜色。
- border-style：边框样式参数。

其中，border-width 可以一次性设置所有的边框宽度。用 border-color 同时设置 4 条边框的颜色时，可以连续写上 4 种颜色并用空格分隔，连续设置的边框都是按 border-top、border-right、border-bottom、border-left 的顺序。border-style 相对别的属性而言稍稍复杂些，因为它还包括了多个边框样式的参数。

- none：无边框。
- dotted：边框为点线。
- dashed：边框为长短线。
- solid：边框为实线。
- double：边框为双线。
- groove：根据 color 属性显示不同效果的 3D 边框。
- ridge：根据 color 属性显示不同效果的 3D 边框。
- inset：根据 color 属性显示不同效果的 3D 边框。
- outset：根据 color 属性显示不同效果的 3D 边框。

3．对象间隙

对象间隙即填充距，填充距指的是文本边框与文本之间的距离，位于对象边框和对象之间，包括 4 项属性，其基本语法如下。

- padding-top：顶部间隙。

- padding-right：右边间隙。
- padding-bottom：底部间隙。
- padding-left：左边间隙。

和 margin 类似，也可以用 padding 一次性设置所有的对象间隙，格式和 margin 相似，这里就不再一一列举。

课堂问答

通过本章的讲解，读者对网页中的 CSS 样式表有了一定的了解，下面列出一些常见的问题供学习参考。

问题 ❶：什么是 CSS 中的 id 属性？

答：id 是根据文档对象模型原理所出现的选择符类型。对于一个网页而言，其中的每个标签（或其他对象）均可以使用 id="" 的形式对 id 属性进行名称指定，id 可以理解为一个标识，在网页中每个 id 名称只能使用一次。

```
<div id="main"></div>
```

在这段代码中，HTML 中的一个 div 标签被指定了 id 名为 main。

在 CSS 样式中，id 选择符使用"#"符号进行标识，如果需要对 id 为 main 的标签设置样式，应当使用如下格式。

```
#main {
font-size:14px; line-height: 16px;
}
```

id 的基本作用是对每个页面中唯一出现的元素进行定义。如可以将导航条命名为 nav，将网页头部和底部分别命名为 header 和 footer。对于类似的元素在页面中均出现一次，使用 id 进行命名具有唯一性的指派含义，有助于代码阅读及使用。

问题 ❷：什么是 class 属性？

答：如果说 id 是对于 HTML 标签的扩展，那么 class 应该是对 HTML 多个标签的一种组合，class 直译为类或类别。对于网页设计而言，可以对 HTML 标签使用 class="" 的形式对 class 属性进行名称指定。与 id 不同的是，class 允许重复使用，如页面中的多个元素，都可以使用同一个 class 定义，如下所示。

```
<div class="p1"></div>
<h1 class="p1"></h1>
<h3 class="p1"></h3>
```

使用 class 的好处是，对于不同的 HTML 标签，CSS 可以直接根据 class 名称来进行样式指定。

```
.P1 {
Margin:10px;
background-color: blue;
}
```

class 在 CSS 中使用点符号（.）加上 class 名称的形式，如上例所示，对 p1 的对象进行了样式指定，无论是什么 HTML 标签，页面中所有使用了 class="p1" 的标签均使用此样式进行设置。class 选择符也是对 CSS 代码重用性的良好体现，众多标签均可以使用同一个来进行样式指定，不再需要每一个都编写样式代码。

问题 ❸：什么是 span 元素？

答：span 允许网页制作者给出一个样式表，但无须加在 HTML 元素之上，也就是说 span 是独立于 HTML 元素的。

span 在样式表中是作为一个标识符使用，而且也接收 style class 和 id 属性，如 <span class="××">...</span>。

span 是一个内联元素，它纯粹是为了应用样式表而存在的，所以当样式表无效时，它的存在也就没有意义了。

上机实战——制作热卖商品图文列表

通过本章的学习，为了让读者巩固本章知识点，下面讲解一个技能综合案例，使大家对本章的知识有更深入的了解。

效果展示

思路分析

要为热卖商品创建图文列表，并制作产品图片产生抖动的效果，使用 CSS 来制作最为方便。首先切换到代码视图，然后在代码视图中输入 CSS 代码即可。

制作步骤

步骤 01　新建一个网页文件，单击 代码 按钮切换到"代码"视图，在 <title> 无标题文档 </title> 标签下方输入如下代码。

```
<style>
body, button, input, select, textarea{font: 12px/1.125
Arial, Helvetica, sans-serif;_font-family: "SimSun";}
body, h1, h2, h3, h4, h5, h6, dl, dt, dd, ul, ol, li, th,
td, p, blockquote, pre, form, fieldset, legend, input,
button, textarea, hr{margin: 0;padding: 0;}
body{background:#f4f4f4;}
table{border-collapse: collapse;border-spacing: 0;}
li{list-style: none;}
fieldset, img{border: 0;}
q:before, q:after{content: '';}
a:focus, input, textarea{outline-style: none;}
input[type="text"], input[type="password"], textarea{outline-
style: none;-webkit-appearance: none;}
textarea{resize: none;}
address, caption, cite, code, dfn, em, i, th, var, b{font-
style: normal;font-weight: normal;}
abbr, acronym{border: 0;font-variant: normal;}
a{text-decoration: none;}
a:hover{text-decoration: underline;}
a{color: #0a8cd2;text-decoration: none;}
a:hover{text-decoration: underline;}
.clearfix:after{content: ".";display: block;height:
0;clear: both;visibility: hidden;}
.clearfix{display:inline-block;}
.clearfix{display: block;}
.clear{clear: both;height: 0;font: 0/0 Arial;visibility: hidden;}
.left{float:left;}
.right{float:right;}
.buybtn{border-width: 1px;border-style: solid;border-
color: #FF9B01;background-color: #FFA00A;color: white;
border-radius: 2px;display: inline-block;overflow:
hidden;vertical-align: middle;cursor: pointer;}
.buybtn:hover{text-decoration: none;background:
#FFB847;background: -webkit-gradient(linear,left top,left
bottom,color-stop(0%,rgba(255, 184, 71, 1)),color-stop(100%,
rgba(255, 162, 16, 1)));}
.buybtn span{border-color: #FFB33B;padding: 0 9px 0
10px;white-space: nowrap;display: inline-block;border-
```

```
style: solid;border-width: 1px;border-radius: 2px;height:
18px;line-height: 17px;vertical-align: middle;}
.zzsc-list{width:700px;margin:100px auto;}
.zzsc-list .dressing{float:left;_display:inline;margin:
8px;margin-top:15px;}
.zzsc-list .dressing_wrap, .zzsc-list .dressing_wrapB {position:
relative;_zoom: 1;border-radius: 2px;background: #F1F1F1;
border-style: solid;border-width: 1px;}
.zzsc-list .skinimg{z-index: 2;border-style: solid;border-
width: 2px;border-color: #fff;}
.zzsc-list .skinimg a{display: block;overflow: hidden;}
.zzsc-list .skinimg img{display: inline-block;}
.zzsc-list .skinimg .loading{border-radius: 0;width: 31px;
height: 31px;padding-left: 97px;padding-top: 59px;}
.zzsc-list .dressing_wrap{border-color: #d8d8d8;-webkit-
box-shadow: 0 3px 6px -4px rgba(0,0,0,1);box-shadow: 0 3px
6px -4px rgba(0,0,0,1);background: #FFF;border: 1px solid
#c4c4c4;border-radius: 2px;-webkit-box-shadow: 0 0 5px 0
rgba(0,0,0,.21);box-shadow: 0 0 5px 0 rgba(0,0,0,.21);}
.zzsc-list .information_area{margin-bottom: 11px;}
.zzsc-list .information_area_wrap{margin: auto;position:
relative;}
.zzsc-list .item, .zzsc-list .tipinfo{padding: 3px 10px 0 10px;}
.zzsc-list .information_area h4, .zzsc-list .W_vline,
.zzsc-list .price{margin-top: 6px;}
.zzsc-list .information_area h4 a{cursor: default;}
.zzsc-list .price{color: #333;}
.zzsc-list .price a:hover{text-decoration: underline;}
.zzsc-list .op a{color: #0989d1;}
.zzsc-list .W_vline{color: #999;margin-right: 8px;margin-
left: 10px;}
.zzsc-list .t_open{margin-top: 5px;}
.zzsc-list .price{color:#f80;font:normal 12px/normal 'microsoft
yahei';}
.zzsc-list .skinimg img:hover{-webkit-animation: tada 1s
.2s ease both;-moz-animation: tada 1s .2s ease both;}
@-webkit-keyframes tada{0%{-webkit-transform:scale(1);}
10%, 20%{-webkit-transform:scale(0.9) rotate(-3deg);}
30%, 50%, 70%, 90%{-webkit-transform:scale(1.1) rotate(3deg);}
40%, 60%, 80%{-webkit-transform:scale(1.1) rotate(-3deg);}
100%{-webkit-transform:scale(1) rotate(0);}}
@-moz-keyframes tada{0%{-moz-transform:scale(1);}
10%, 20%{-moz-transform:scale(0.9) rotate(-3deg);}
30%, 50%, 70%, 90%{-moz-transform:scale(1.1) rotate(3deg);}
40%, 60%, 80%{-moz-transform:scale(1.1) rotate(-3deg);}
100%{-moz-transform:scale(1) rotate(0);}}
.zzsc-list .dressing_hover .information_area{-webkit-
animation: flipInY 300ms .1s ease both;-moz-animation:
flipInY 300ms .1s ease both;}
@-webkit-keyframes flipInY{0%{-webkit-transform:perspective
(400px) rotateY(90deg);
```

```
opacity:0;}
40%{-webkit-transform:perspective(400px) rotateY(-
10deg);}
70%{-webkit-transform:perspective(400px) rotateY(10deg);}
100%{-webkit-transform:perspective(400px) rotateY(0deg);
opacity:1;}}
@-moz-keyframes flipInY{0%{-moz-transform:perspective(400px)
rotateY(90deg);
opacity:0;}
40%{-moz-transform:perspective(400px) rotateY(-10deg);}
70%{-moz-transform:perspective(400px) rotateY(10deg);}
100%{-moz-transform:perspective(400px) rotateY(0deg);
opacity:1;}}
</style>
</head>
```

步骤 02　在 <body> 和 </body> 标签之间输入如下代码。

```
<div class="zzsc-list">
    <div class="dressing">
      <div class="dressing_wrap">
        <div class="skinimg"><img src="images/twlb1.jpg" width=
"171" height="184" /></div>
        <div class="information_area">
          <div class="information_area_wrap">
            <div class="item clearfix">
              <h4 class="left">马蹄莲吊坠 </h4>
              <i class="W_vline left">|</i>
              <div class="price left"><span> ￥126.00 </
span></div>
            </div>
            <div class="tipinfo clearfix">
              <div class="t_open left"><a href="/" target=
"_blank"><span>开通会员 </span></a>  <span class=
"W_textb">免费试用 </span></div>
              <div class="right"><a href="/" class="buybtn">
<span>购买 </span></a></div>
            </div>
          </div>
        </div>
      </div>
    </div>
    <div class="dressing">
      <div class="dressing_wrap">
        <div class="skinimg"><a href="/" target="_blank">
<img src="images/twlb2.jpg" width="171" height="184"></
a></div>
        <div class="information_area">
          <div class="information_area_wrap">
```

```
                    <div class="item clearfix">
                        <h4 class="left"> 花朵吊坠 </h4>
                        <i class="W_vline left">|</i>
                        <div class="price left"><span> ￥72.00 </span>
</div>
                    </div>
                    <div class="tipinfo clearfix">
                        <div class="t_open left"><a href="/" target=
"_blank"><span> 开通会员 </span></a>  <span
class="W_textb"> 免费试用 </span></div>
                        <div class="right"><a href="/" class="buybtn">
<span> 购买 </span></a></div>
                    </div>
                </div>
            </div>
        </div>
    </div>
    <div class="dressing">
        <div class="dressing_wrap">
            <div class="skinimg"><a href="/" target="_blank">
<img src="images/twlb3.jpg" width="171" height="184"></
a></div>
            <div class="information_area">
                <div class="information_area_wrap">
                    <div class="item clearfix">
                        <h4 class="left"> 简约吊坠 </h4>
                        <i class="W_vline left">|</i>
                        <div class="price left"><span> ￥198.00 </
span></div>
                    </div>
                    <div class="tipinfo clearfix">
                        <div class="t_open left"><a href="/" target=
"_blank"><span> 开通会员 </span></a>  <span class=
"W_textb"> 免费试用 </span></div>
                        <div class="right"><a href="/" class="buybtn">
<span> 购买 </span></a></div>
                    </div>
                </div>
            </div>
        </div>
    </div>
    <div style="clear:both"></div>
</div>
<div style="text-align:center;margin:50px 0; font:normal
14px/24px 'MicroSoft YaHei';">
</div>
```

步骤 03 保存文件并按【F12】键浏览网页，将鼠标指针移至图片上，将会出现抖动的效果，如图 12-6 所示。

图 12-6   浏览网页

同步训练——制作电商产品边框阴影与折角效果

通过上机实战案例的学习,为了增强读者的动手能力,下面安排一个同步训练案例,让读者达到举一反三、触类旁通的学习效果。

图解流程

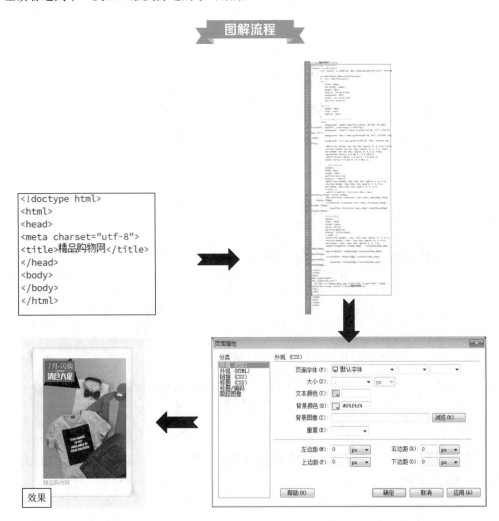

本实例主要通过在代码视图中设置标题、添加 CSS 来制作。

步骤 01 新建一个网页文件，单击 代码 按钮切换到 "代码" 视图，在 \<title\>
\</title\> 标签之间输入 "精品购物网"，如图 12-7 所示。

```
<!doctype html>
<html>
<head>
<meta charset="utf-8">
<title>精品购物网</title>
</head>
<body>
</body>
</html>
```

图 12-7 输入代码

步骤 02 将光标放置于 \</title\> 标签之后，按【Enter】键换行，然后输入如下代码。

```
<style type="text/css">
*{margin: 0;padding:0;}
        body {margin: 0; padding: 20px 100px;background-
color: #f4f4f4;}
        pre{max-height:200px;overflow:auto;}
        div.demo {overflow:auto;}
        .box {
            width: 300px;
            min-height: 300px;
            margin: 30px;
            display: inline-block;
            background: #fff;
            border: 1px solid #ccc;
            position:relative;
        }
        .box p {
            margin: 30px;
            color: #aaa;
            outline: none;
        }
        /*=========Box1===========*/
        .box1{
            background: -webkit-gradient(linear, 0% 20%,
0% 100%, from(#fff), to(#fff), color-stop(.1,#f3f3f3));
            background: -webkit-linear-gradient(0% 0%, #fff,
#f3f3f3 10%, #fff);
            background: -moz-linear-gradient(0% 0%, #fff,
#f3f3f3 10%, #fff);
```

```
                    background: -o-linear-gradient(0% 0%, #fff, #f3f3f3
10%, #fff);
                -webkit-box-shadow: 0px 3px 30px rgba(0, 0, 0,
0.1) inset;
                -moz-box-shadow: 0px 3px 30px rgba(0, 0, 0, 0.1)
inset;
                box-shadow: 0px 3px 30px rgba(0, 0, 0, 0.1) inset;
                -moz-border-radius: 0 0 6px 0 / 0 0 50px 0;
                -webkit-border-radius: 0 0 6px 0 / 0 0 50px 0;
                border-radius: 0 0 6px 0 / 0 0 50px 0;
        }
            .box1:before{
            content: '';
            width: 50px;
            height: 100px;
            position:absolute;
            bottom:0; right:0;
            -webkit-box-shadow: 20px 20px 10px rgba(0, 0,
0, 0.1);
            -moz-box-shadow: 20px 20px 15px rgba(0, 0, 0,
0.1);
            box-shadow: 20px 20px 15px rgba(0, 0, 0, 0.1);
            z-index:-1;
            -webkit-transform: translate(-35px,-40px) skew(0deg,
30deg) rotate(-25deg);
            -moz-transform: translate(-35px,-40px) skew
(0deg,32deg)    rotate(-25deg);
            -o-transform: translate(-35px,-40px) skew(0deg,
32deg)    rotate(-25deg);
                transform: translate(-35px,-40px) skew(0deg,
32deg)    rotate(-25deg);
        }
            .box1:after{
            content: '';
            width: 100px;
            height: 100px;
            top:0; left:0;
            position:absolute;
            display: inline-block;
            z-index:-1;
            -webkit-box-shadow: -10px -10px 10px rgba(0, 0, 0, 0.2);
            -moz-box-shadow: -10px -10px 15px rgba(0, 0, 0, 0.2);
            box-shadow: -10px -10px 15px rgba(0, 0, 0, 0.2);
            -webkit-transform: rotate(2deg)      translate(20px,
25px) skew(20deg);
            -moz-transform: rotate(7deg) translate(20px,25px)
skew(20deg);
            -o-transform: rotate(7deg) translate(20px,25px)
skew(20deg);
            transform: rotate(7deg) translate(20px,25px) skew
(20deg);
```

```
          }
</style>
</head>
<body>
<div class="demo">
<div class="box box1">
  <p><img src="images/dscp.jpg" width="252" height="346"
/><span style="text-align: center"></span>精品购物网 </p>
</div>
</div>
```

步骤 03 执行【修改】→【页面属性】命令，打开【页面属性】对话框，在对话框中将网页背景颜色设置为灰色（#f4f4f4），如图 12-8 所示。

步骤 04 执行【文件】→【保存】命令，将文件保存，然后按下【F12】键浏览网页，如图 12-9 所示。

图 12-8 设置背景颜色　　　　　　图 12-9 浏览网页

知识能力测试

本章讲解了 Dreamweaver CC 中的 CSS 代码，为了对知识进行巩固和考核，布置以下相应的练习题。

一、填空题

1．letter-spacing 表示_____，是指英文字母之间的距离。

2．font-family 是指使用的_____。

3．_____用于控制文字的大小写。

二、判断题

1．word-spacing 表示单词间距，单词间距指的是英文单词之间的距离，不包括中文文字。（　　）

2．font-style 是指定的文字的字体，属性值为 italic（斜体）、bold（粗体）、oblique（倾斜）。（　　）

三、操作题

1．制作一个图像的边框阴影与折角效果，图片可以自己指定。

2．按照本章所讲述的方法制作一个图文列表。

CC
DREAMWEAVER

第 13 章
使用 CSS+DIV 布局网页

本章主要讲解使用 CSS 样式实现多种网页布局的方法，并通过实例的制作，讲解实际操作中 DIV+CSS 的布局方法。

学习目标

- 掌握 DIV 的创建方法
- 了解 DIV+CSS 盒模型
- 了解 DIV+CSS 布局定位
- 了解 DIV+CSS 布局理念
- 掌握常用的布局方式

认识 DIV

DIV+CSS 是网站标准（或称"Web 标准"）中常用的术语之一，是采用 DIV+CSS 的方式实现各种定位。用 DIV 盒模型结构将各部分内容划分到不同的区块，然后用 CSS 来定义盒模型的位置、大小、边框、内外边距和排列方式等。

13.1.1 DIV 概述

DIV 全称为 Division，意为"区分"，它是用来定义网页内容中逻辑区域的标签，可以通过手动插入 DIV 标签并对它们应用 CSS 样式来创建网页布局。

DIV 是用来为 HTML 文档中的块内容设置结构和背景属性的元素。它相当于一个容器，由起始标签 <div> 和结束标签 </div> 之间的所有内容构成，在它里面可以内嵌表格（table）、文本（text）等 HTML 代码。其中所包含的元素特性由 DIV 标签的属性来控制，或使用样式表格式化这个块来控制。

DIV 是 HTML 中指定的，专门用于布局设计的容器对象。在传统的表格式的布局当中，之所以能进行页面的排版布局设计，完全依赖于表格对象。在页面当中绘制一个由多个单元格组成的表格，在相应的表格中放置内容，通过表格单元格的位置控制来达到实现布局的目的，这是表格式布局的核心。而现在，我们所要接触的是一种全新的布局方式——CSS 布局，DIV 是这种布局方式的核心对象，使用 CSS 布局的页面排版不需要依赖表格，仅从 DIV 的使用上说，一个简单的布局只需要依赖 DIV 与 CSS，因此也可以称为 DIV+CSS 布局。

13.1.2 创建 DIV

与表格、图像等网页对象一样，只需在代码中应用 <div> 和 </div> 这样的标签形式，并将内容放置其中，便可以应用 DIV 标签。

DIV 对象在使用时，同其他 HTML 对象一样，可以加入其他属性，如 id、class、align、style 等属性，而在 CSS 布局方面，为了实现内容与表现分离，不应当将 align（对齐）属性与 style（行间样式表）属性编写在 HTML 页面的 DIV 标签中，因此 DIV 代码只能拥有以下两种形式。

```
<div id="id 名称"> 内容 <div>
<div class="class 名称"> 内容 </div>
```

使用 id 属性可以将当前这个 DIV 指定一个 id 名称，在 CSS 中使用 id 选择符进行样式编写，同样可以使用 class 属性，在 CSS 中使用 class 选择符进行样式编写。

在一个没有应用 CSS 样式的页面中，即使应用了 DIV，也没有任何实际效果，就如同直接输入了 DIV 中的内容一样，那么该如何理解 DIV 在布局上所带来的不同呢？

首先用表格与 DIV 进行比较。用表格布局时，使用表格设计的左右分栏或上下分栏，都能够在浏览器预览中看到分栏效果，如图 13-1 所示。

图 13-1　表格布局

表格自身的代码形式决定了在浏览器中显示的时候，两块内容分别显示在左单元格与右单元格之中，因此不管是否设置了表格边框，都可以明确地知道内容存在于两个单元格中，也达到了分栏的效果。

启动 Dreamweaver，切换到"代码"视图，在 <body> 与 </body> 之间输入以下代码，如图 13-2 所示。

```
<div> 左 </div>
<div> 右 </div>
```

切换到"设计"视图，可以看到插入的两个 DIV，如图 13-3 所示。

图 13-2　输入代码

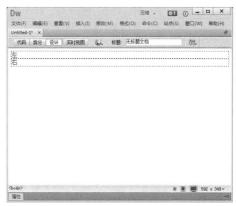

图 13-3　插入两个 DIV

按【F12】键浏览网页，能够看到仅仅出现了两行文字，并没有看出 DIV 的任何特征，显示效果如图 13-4 所示。

图 13-4　显示效果

从表格与 DIV 的比较中可以看出，DIV 对象本身就是占据整行的一种对象，不允许其他对象与它在一行中并列显示，实际上 DIV 就是一个"块状对象（block）"。

从页面的效果中发现，网页中除了文字之外没有任何其他效果，两个 DIV 之间的关系只是前后关系，并没有出现类似表格的组织形式，因此可以说，DIV 本身与样式没有任何关系，样式需要编写 CSS 来实现，因此 DIV 对象从本质上实现了与样式分离。

这样做的好处是，由于 DIV 与样式分离，最终样式则由 CSS 来完成，这样与样式无关的特性，使得 DIV 在设计中拥有巨大的可伸缩性，可以根据自己的想法改变 DIV 的样式，不再拘泥于单元格固定模式的束缚。

> **温馨提示**　在 CSS 布局之中所需要的工作可以简单归结为两个步骤，首先使用 DIV 将内容标记出来，然后为这个 DIV 编写需要的 CSS 样式。

13.1.3 选择 DIV

要对 DIV 执行某项操作，首先需要将其选中，在 Dreamweaver 中选择 DIV 的方法有两种。

第 1 种：将光标移至 DIV 周围的任意边框上，当边框显示为红色实线时单击可将其选中，如图 13-5 所示。

第 2 种：将光标置于 DIV 中，然后单击【状态栏】上相应的 <div> 标签，同样可将其选中，如图 13-6 所示。

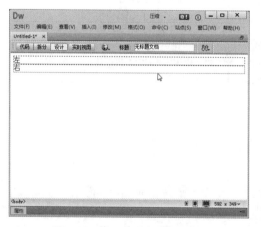
图 13-5　第 1 种方法选择 DIV

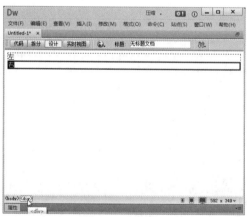
图 13-6　第 2 种方法选择 DIV

关于 DIV+CSS 盒模型

盒模型是 CSS 控制页面时一个很重要的概念，只有很好地掌握了盒模型及其中每个元素的用法，才能真正控制页面中各个元素的位置。

13.2.1 盒模型的概念

学习 DIV+CSS，首先要弄懂的就是这个盒模型，这是 DIV 排版的核心所在。传统的表格排版是通过大小不一的表格和表格嵌套来定位编排网页，改用 CSS 排版后，就是通过由 CSS 定义的大小不一的盒子和盒子嵌套来编排网页。这种排版方式的网页代码简洁，表现和内容相分离，维护方便。

那么它为什么叫盒模型呢？先说说在网页设计中常用的属性名，即内容（content）、填充（padding）、边框（border）和边界（margin），这些属性 CSS 盒模型都具备，如图 13-7 所示。

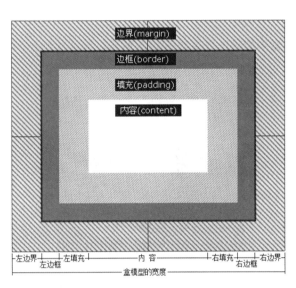

图 13-7　盒模型

可以把 CSS 盒模型想象成现实中上方开口的盒子，然后从正上方往下俯视，边框相当于盒子的厚度，内容相当于盒子中所装物体的空间，而填充相当于为防震而在盒子内填充的泡沫，边界相当于在这个盒子周围要留出一定的空间以方便取出，这样就比较容易理解盒模型了。

13.2.2　margin（边界）

margin 指的是元素与元素之间的距离，如设置元素的下边界 margin-bottom，其代码如下。

```
<!DOCTYPE html PUBLIC "-//W3C//DTD XHTML 1.0
Transitional//EN" "http://www.w3.org/TR/xhtml1/DTD/
xhtml1-transitional.dtd">
<html xmlns="http://www.w3.org/1999/xhtml">
<head>
<meta http-equiv="Content-Type" content="text/html;
charset=utf-8" />
<title>margin</title>
```

```
</head>
<body>
<div style=" width:350px; height:200px; margin-
bottom:40px;">
<img src="images/1.jpg" width="350" height="200" /></div>
<div style=" width:350px; height:200px;">
<img src="images/2.jpg" width="350" height="200" /></div>
</body>
</html>
```

以上代码在浏览器中的显示效果如图 13-8 所示，可以看到上下两个元素之间增加了 40 像素的距离。

图 13-8　显示效果

当两个行内元素相邻的时候，它们之间的距离为第一个元素的右边界 margin-right 加上第二个元素的左边界 margin-left，代码如下所示。

```
<body>
<span style=" width:350px; height:200px; margin-right:30px;">
<img src="images/1.jpg" width="350" height="200" /></span>
<span style=" width:350px; height:200px; margin-left:40px;">
<img src="images/2.jpg" width="350" height="200" /></span>
</body>
```

以上代码在浏览器中的显示效果如图 13-9 所示，可以看到两个元素之间的距离为 30 像素 +40 像素 =70 像素。

图 13-9 显示效果

但如果不是行内元素，而是产生换行效果的块级元素，情况就不同了，两个块级元素之间的距离不再是两个边界相加，而是取两者中较大者的 margin 值，代码如下所示。

```
<body>
<div style=" width:350px; height:200px; margin-
bottom:30px;"><img src="images/1.jpg" width="350"
height="200"/></div>
<div style=" width:350px; height: 200px; margin-
top:40px;"><img src="images/2.jpg" width="350"
height="200" /></div>
</body>
```

从以上代码可以看到，第二个块级元素的 margin-top 值大于第一个块级元素的 margin-bottom 值，所以它们之间的边界应为第二个块级元素的边界值，显示效果如图 13-10 所示。

图 13-10 显示效果

除了行内元素间隔和块级元素间隔这两种关系外，还有一种位置关系，它的 margin 值对 CSS 排版有重要的作用，这就是父子关系。当一个 <div> 块包含在另一个 <div> 块中间时，便形成了典型的父子关系，其中子块的 margin 将以父块的 content（内容）为参考，代码如下所示。

```
<!DOCTYPE html PUBLIC "-//W3C//DTD XHTML 1.0
Transitional//EN" "http://www.w3.org/TR/xhtml1/DTD/
xhtml1-transitional.dtd">
<html xmlns="http://www.w3.org/1999/xhtml">
<head>
<meta http-equiv="Content-Type" content="text/html;
charset=utf-8" />
<title>margin</title>
<style type="text/css">
<!--
#box {                               /* 父 div*/
    background-color:#0CC;
    text-align:center;
    font-family:" 宋体 ";
    font-size:12px;
    padding:10px;
    border:1px solid #000;
    height:50px;   /* 设置父 div 的高度 */
}
#son {                               /* 子 div*/
    background-color:#FFF;
    margin:30px 0px 0px 0px;
    border:1px solid #000;
    padding:20px;
}
-->
</style>
</head>
<body>
<div id="box">
<div id="son">子 div</div>
</div>
</body>
</html>
```

设计视图的显示效果如图 13-11 所示，可以看到子 DIV 距离父 DIV 上边为 40 像素（margin 30px+padding l0px），其余边都是 padding 的 10 像素。

图 13-11 显示效果

另外由于浏览器版本的不同，细节处理上也有区别，例如，IE 6.0 和 IE 8.0，如果设定了父元素的高度（height）值，此时子元素的高度值超过了父元素的高度值，两者的显示结果则完全不同，代码如下。

```
<style type="text/css">
<!--
#box {                          /* 父 div*/
    background-color:#0CC;
    text-align:center;
font-family: " 宋体 ";
    font-size:12px;
    padding:10px;
    bprder:1px solid #000;
    height:50px;                /* 设置父 div 的高度 */
}
#son {                          /* 子 div*/
    background-color:#FFF;
    margin:30px 0px 0px 0px;
    border:1px solid #000;
    padding:20px;
}
-->
</style>
```

以上代码的显示效果如图 13-12 所示。

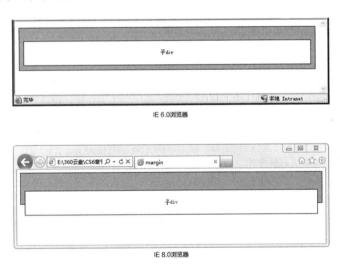

图 13-12　显示效果

在 CSS 样式表中设置的父 DIV 的高度值小于子元素的高度 +margin 的值时，此时 IE 6.0 浏览器会自动扩大，保持子元素的 margin-bottom 空间及父元素自身的 padding-bottom；而 IE 8.0 浏览器则不会，它会保证父元素高度的完全吻合，而这时子元素将超过父元素的范围，读者在制作时需要注意这个问题。

13.2.3 border（边框）

border 一般用于分离元素，border 的外围即为元素的最外围，因此计算元素实际的宽和高时，就要将 border 纳入。

border 的属性主要有 3 个，分别为 color（颜色）、width（粗细）和 style（样式）。在设置 border 时，常常需要将这 3 个属性进行配合，才能达到良好的效果，如表 13-1 所示。

表 13-1　border 的属性

属性	说明	值	说明
color	该属性用来指定 border 的颜色，它的设计方法与文字的 color 属性完全一样，一共可以有 256 种颜色。通常情况下，设计为十六进制数，例如，白色为 #FFFFFF	无	—
width	该属性是设置 border 的粗细程度	medium	该属性为默认值，一般的浏览器都将其解析为 2 像素
		thin	设置细边框
		thick	设置粗边框
		length	length 表示具体的数值，如 10 像素等
style	该属性是设置 border 的样式，其中 none 和 hidden 都不显示 border，二者效果完全相同，只是运用在表格中时，hidden 可以用来解决边框冲突的问题	dashed	虚线边框
		dotted	点划线边框
		double	双实线边框
		groove	边框具有雕刻效果
		hidden	不显示边框，在表格中边框折叠
		inherit	继承上一级元素的值
		none	不显示边框
		solid	单实线边框

如果希望在某段文字结束后加上虚线用于分割，而不是用 border 将整段话框起来，可以通过单独设置某一边来完成，代码如下所示。

```
<body>
<p style="border-bottom:3px dotted #330099">举头西北浮云，
倚天万里须长剑。</p>
<p style="border-bottom:3px dotted #330099">人言此地，夜深
长见，斗牛光焰。</p>
</body>
```

在浏览器中的显示效果如图 13-13 所示。

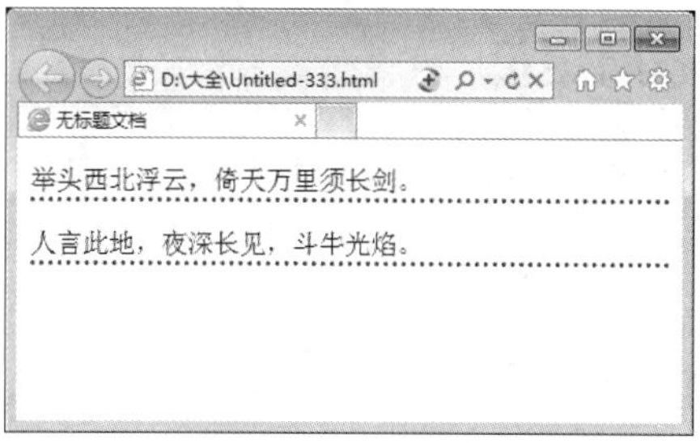

图 13-13　显示效果

13.2.4　padding（填充）

padding 用于控制 content（内容）与 border（边框）之间的距离，例如，加入
padding-bottom 属性，代码如下所示。

```
<!DOCTYPE html PUBLIC "-//W3C//DTD XHTML 1.0 Transitional//
EN" "http://www.w3.org/TR/xhtml1/DTD/xhtml1-transitional.
dtd">
<html xmlns="http://www.w3.org/1999/xhtml">
<head>
<meta http-equiv="Content-Type" content="text/html;
charset=utf-8" />
<title>无标题文档</title>
</head>
<body style="text-align: center">
<div style=" width:350px; height:200; border:8px solid
#000000; padding-bottom:40px; ">
<img src="images/2.jpg" width="350" height="200"></div>
</body>
</html>
```

以上代码的显示效果如图 13-14 所示，可以看到下边框与正文内容相隔了 40 像素。

图 13-14　显示效果

DIV+CSS 布局定位

下面介绍 DIV+CSS 布局定位，包括相对定位、绝对定位和浮动定位。

13.3.1 relative（相对定位）

相对定位在 CSS 中的写法是 position:relative;，其表达的意思是以父级对象（它所在的容器）的坐标原点为坐标原点，无父级则以 body 的坐标原点为坐标原点，配合 top、right、bottom、left（上、右、下、左）值来定位元素。当父级内有 padding 等 CSS 属性时，当前级的坐标原点则参照父级内容区的坐标原点进行定位。

如果对一个元素进行相对定位，在它所在的位置上，通过设置垂直或水平位置，让这个元素相对于起点进行移动。如果将 top 设置为 40 像素，那么元素将出现在原位置顶部下面 40 像素的位置。如果将 left 设置为 40 像素，那么会在元素左边创建 40 像素的空间，也就是将元素向右移动，代码如下所示。

```
#main {
height:150px;
width:150px;
background-color:#FF0;
float:left;
position: relative;
left:40px;
top:40px;
}
```

以上代码的显示效果如图 13-15 所示。

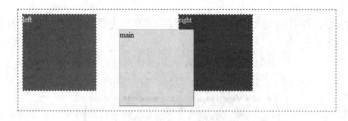

图 13-15　显示效果

在使用相对定位时，无论是否进行移动，元素仍然占据原来的空间，因此移动元素会导致它覆盖其他元素。

13.3.2 absolute（绝对定位）

绝对定位在 CSS 中的写法是 position:absolute;，其表达的意思是参照浏览器的左上角且配合 top、right、bottom、left（上、右、下、左）值来定位元素。

绝对定位可以使对象的位置与页面中的其他元素无关，使用了绝对定位之后，对象就浮在网页的上面，代码如下所示。

```
#main {
height:150px;
width:150px;
background-color:#FF0;
float:left;
position:absolute;
left:40px;
top:40px;
}
```

以上代码的显示效果如图 13-16 所示。

图 13-16　显示效果

绝对定位可以使元素从它的包含块向上、下、左、右移动，这提供了很大的灵活性，可以直接将元素定位在页面上的任何位置。

13.3.3　float（浮动定位）

浮动定位在 CSS 中用 float 属性来表示，当 float 值为 none 时，表示对象不浮动；为 left 时，表示对象向左浮动；为 right 时，表示对象向右浮动。float 可选参数如表 13-2 所示。

表 13-2　float 可选参数

属性	说明	值	说明
float	用于设置对象是否浮动显示及具体浮动的方式	inherit	继承父级元素的浮动属性
		left	元素会移至父元素中的左侧
		none	默认值
		right	元素会移至父元素中的右侧

下面介绍浮动的几种形式。

普通文档流，也就是普通页面布局顺序显示的 CSS 样式如下。

```
#box {
width:650px;
font-size:20px;
}
#left {
background-color:#F00;
height:150px;
width:150px;
margin:10px;
color:#FFF;
}

#main {
background-color:#ff0;
height:150px;
width:150px;
margin:10px;
color:#000;
}

#right {
background-color:#00F;
height:150px;
width:150px;
margin:10px;
color:#000;
}
```

以上代码的显示效果如图 13-17 所示。

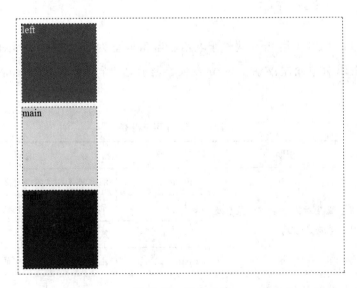

图 13-17　显示效果

在图 13-17 中，如果把 left 块向右浮动，它就脱离文档流并向右移动，直到它的边缘碰到 BOX 的右边框，其 CSS 代码如下。

```
#left {
Background-color:#F00;
Height:150px;
width:150px;
margin:10px;
color:#FFF;
float:right;
}
```

以上代码的显示效果如图 13-18 所示。

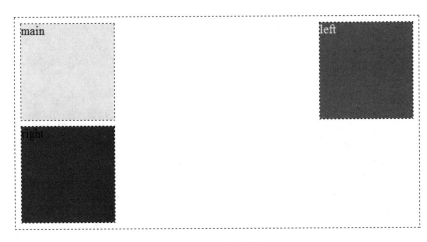

图 13-18　显示效果

在图 13-18 中，当把 left 块向左浮动时，它脱离文档流并且向左移动，直到它的边缘碰到 BOX 的左边缘。因为它不再处于文档流中，所以它不占据空间，但实际上覆盖住了 main 块，使 main 块从视图中消失，其 CSS 代码如下。

```
#left {
height: 150px;
width: 150px;
margin: 10px;
background-color:#F00;
color:#FFF;
float: left;
}
```

以上代码的显示效果如图 13-19 所示。

如果把三个块都向左浮动，那么 left 块向左浮动直到碰到 BOX 的左边缘，另外两个块向左浮动，直到碰到前一个浮动框，其 CSS 代码如下。

图 13-19　显示效果

```
#box {
width:650px;
font-size: 20 px;
height: 170px;
}
#left {
background-color:#fff;
height:150px;
width:150px;
margin:10px;
background-color: #F00;
color:#FFF;
float: left;
}
#main {
Background-color:#FFF;
height: 150px;
width: 150px;
margin: 10px;
background-color:#FF0;
float: left;
}
#right {
    background-color:#FFF;
height:150px;
width:150px;
margin:10px;
background-color:#00F;
color:#FFF;
float:left;
}
```

以上代码的显示效果如图 13-20 所示。

图 13-20　显示效果

如果包含框太窄，无法容纳水平排列的三个浮动元素，那么其他浮动块向下移动，直到有足够空间的地方，其代码如下。

```
#box {
width:400px;
font-size:20px;
height:340px;
}
```

以上代码的显示效果如图 13-21 所示。

图 13-21　显示效果

如果浮动块元素的高度不同，那么当它们向下移动时，可能会被其他浮动元素卡住，代码如下所示。

```
#left {
background-color:#f00;
height:200px;
width:150px;
margin:10px;
background-color: # F00;
color:#FFF;
float:left;
}
```

以上代码的显示效果如图 13-22 所示。

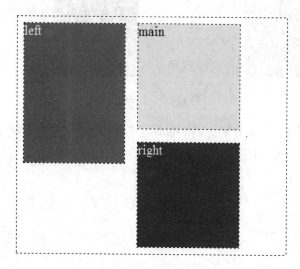

图 13-22　显示效果

课堂范例——创建精美六边形导航

步骤 01　新建一个网页文件，单击 代码 按钮切换到【代码】视图，在 <title> </title> 标签之后添加如下代码。

```
<style>
.wrap{margin:100px;width:303px;}
.nav{width:100px;height:58px;background:#339933;display
:inline-block;position:relative;line-height:58px;text-
align:center;color:#ffffff;font-size:14px;text-
decoration:none;float:left;margin-top:31px;margin-
right:1px;}
.nav s{width:0;height:0;display:block;overflow:hidden;posi-
tion:absolute;border-left:50px dotted transparent;border-
right:50px dotted transparent;border-bottom:30px solid
#339933;left:0px;top:-30px;}
.nav b{width:0;height:0;display:block;overflow:hidden;posi-
tion:absolute;border-left:50px dotted transparent;border-
right:50px dotted transparent;border-top:30px solid
#339933;bottom:-30px;left:0px;}
.a0{margin-left:100px;}
.a1{margin-left:50px;}
.nav:hover{background:#8CBF26;color:#333333;}
.nav:hover s{border-bottom-color:#8CBF26;}
.nav:hover b{border-top-color:#8CBF26;}
</style>
```

步骤 02　在 <body> 和 </body> 标签之间添加如下代码。

```
<div class="wrap">
<a class="nav a0" target="_blank" href="#"><s></s>网页设计
<b></b></a>
<a class="nav a1" target="_blank" href="#"><s></s>动画制作
<b></b></a>
<a class="nav a2" target="_blank" href="#"><s></s>平面设计
<b></b></a>
<a class="nav a3" target="_blank" href="#"><s></s>视频制作
<b></b></a>
<a class="nav a4" target="_blank" href="#"><s></s>图片大全
<b></b></a>
<a class="nav a5" target="_blank" href="#"><s></s>设计论坛
<b></b></a>
</div>
```

步骤 03　单击 设计 按钮，切换到【设计】视图，执行【修改】→【页面属性】命令，打开【页面属性】对话框，在对话框中将网页的背景颜色设置为灰色，如图 13-23 所示。

步骤 04　执行【文件】→【保存】命令保存文档，然后按【F12】键浏览网页即可，如图 13-24 所示。

图 13-23　设置背景颜色

图 13-24　浏览网页

13.4　DIV+CSS 布局理念

CSS 排版是一种很新颖的排版理念，首先要将页面使用 <div> 整体划分为几个板块，然后对各个板块进行 CSS 定位，最后在各个板块中添加相应的内容。

13.4.1　将页面用 DIV 分块

在利用 CSS 布局页面时，首先要有一个整体的规划，包括整个页面分成哪些模块，各个模块之间的父子关系等。以最简单的框架为例，页面由 banner、主体内容（content）、菜单导航（links）和脚注（footer）等几个部分组成，各个部分分别用自己的 id 来标识，如图 13-25 所示。

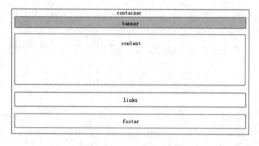

图 13-25　显示效果

13.4.2　设计各块的位置

当页面的内容已经确定后，则需要根据内容本身考虑整体的页面布局类型，如是单栏、双栏还是三栏等，如图 13-26 所示。

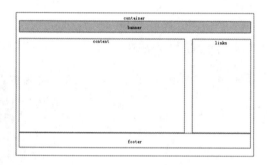

图 13-26　显示效果

13.4.3　用 CSS 定位

整理好页面的框架后，就可以利用 CSS 对各个板块进行定位，实现对页面的整体规划，然后再向各个板块中添加内容。

课堂问答

通过本章的讲解，读者对使用 CSS+DIV 布局网页有了一定的了解，下面列出一些常见的问题供学习参考。

问题 ❶：现在常说的 Web 标准是什么？

答：Web 标准是近几年在国内出现的一个新兴名词。大概从 2003 年左右开始，有关 Web 标准与 CSS 网站设计的各类文章与讨论，便伴随着网络上大大小小的设计与技术论坛开始展开，也掀起了学习 Web 标准与 CSS 布局的热潮。

Web 标准是由 W3C（World Wide Web Consortium）和其他标准化组织制定的一套规范集合，包含一系列标准，如 HTML、XHTML、JavaScript 及 CSS 等。Web 标准的目的在于创建一个统一用于 Web 表现层技术的标准，以便于通过不同的浏览器或终端设备向最终用户展示信息内容。

Web 标准即网站标准。目前通常所说的 Web 标准一般是指进行网站建设所采用的基于 XHTML 的网站设计语言，Web 标准中典型的应用模式是 DIV+CSS，实际上 Web 标准并不是某一个标准，而是一系列标准的集合。

Web 标准由一系列的规范组成。由于 Web 设计越来越趋向于整体与结构化，对于网页设计制作者来说，理解 Web 标准首先要理解结构和表现分离的意义。刚开始的时候理解结构和表现的不同之处可能很困难，但是理解这点是很重要的，因为当结构和表现分离后，用 CSS 样式表来控制表现就是很容易的一件事了。

问题 ❷：Web 标准的构成是怎样的?

答：Web 标准是由结构、表现、行为构成的。

（1）结构

结构技术用于对网页中用到的信息（文本、图像、动画等）进行分类和整理，目前用于结构化设计的 Web 标准技术主要是 HTML。

（2）表现

表现技术用于对已被结构化的信息进行显示上的控制，包括位置、颜色、字体、大小等形式控制。目前用于表现设计的 Web 标准技术就是 CSS。W3C 创建 CSS 的目的是用 CSS 来控制整个网页的布局，与 HTML 所实现的结构完全分离，简单来说就是表现与内容完全分离，使站点的维护更加容易。这也正是 DIV+CSS 布局的一大特点。

（3）行为

行为是指对整个文档的一个模型定义和交互行为的编写，目前用于行为设计的 Web 标准技术主要有下面两个。

其一是 DOM（Document Object Model），即文档对象模型，相当于浏览器与内容结构之间的一个接口。它定义了访问和处理 HTML 文档的标准方法，把网页和脚本及其他的编程语言联系了起来。

其二是 ECMAScript（JavaScript 的扩展脚本语言），即由 CMA（Computer Manufacturers Association）制定的脚本语言（JavaScript），用于实现网页对象的交互操作。

问题 ❸：DIV 与 CSS 在网页中各自的工作是什么呢?

答：DIV 标签只是一个标识，作用是把内容标识为一个区域，并不负责其他事情，DIV 只是 CSS 布局工作的第一步，需要通过 DIV 将页面中的内容元素标识出来，而为内容添加样式则由 CSS 来完成。

上机实战——使用 DIV+CSS 布局网页

通过本章的学习，为了让读者巩固本章知识点，下面讲解一个技能综合案例，使大家对本章的知识有更深入的了解。

效果展示

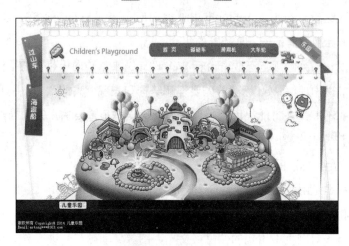

思路分析

本实例使用 DIV+CSS 来进行网页布局，然后在 DIV 中插入图像即可。

制作步骤

步骤 01 在 Dreamweaver CC 中新建一个网页文件，然后执行【文件】→【保存】命令，将文件保存为 index.html，如图 13-27 所示。

步骤 02 执行【文件】→【新建】命令，打开【新建文档】对话框，在【页面类型】栏中选择 CSS 选项，然后单击【创建】按钮，如图 13-28 所示。将创建的 CSS 文件保存为 css.css。接着按照同样的方法再创建一个 div.css 文件。

图 13-27　保存文件

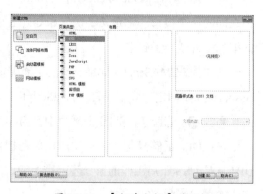

图 13-28　【新建文档】对话框

步骤 03　执行【窗口】→【CSS 设计器】命令，打开【CSS 设计器】面板，单击【添加 CSS 源】按钮，在弹出的快捷菜单中选择【附加现有的 CSS 文件】命令，如图 13-29 所示。

步骤 04　打开【使用现有的 CSS 文件】对话框，选择【链接】单选项，单击【浏览】按钮，打开【选择样式表文件】对话框，选择刚刚创建的 css.css，如图 13-30 所示。

图 13-29　选择【附加现有的 CSS 文件】命令　　　　图 13-30　选择 CSS 文件

步骤 05　完成后单击【确定】按钮，即可将外部样式表文件 css.css 链接到页面中，如图 13-31 所示。

步骤 06　按照同样的方法，将刚刚新建的外部样式表文件 div.css 也链接到页面中，如图 13-32 所示。

图 13-31　链接 css.css 文件　　　　　　　图 13-32　链接 div.css 文件

步骤 07　切换到 css.css 文件，创建一个名为 * 的标签 CSS 规则，如下所示。

```
*{
    margin:0px;
    border:0px;
    padding:0px;
}
```

步骤 08　按照同样的方法再创建一个名为 body 的标签 CSS 规则，如下所示。

```
body{
        background-image:url(/images/s9.jpg);
        background-repeat:repeat-x;
        background-position:0px 541px;
        background-color:#161616;
        font-family:" 宋体 ";
        font-size:12px;
        color:#fff;
}
```

步骤09 切换到 index.html 的设计视图，可以看到刚才对 css.css 文件的设置已经对网页产生了效果，如图 13-33 所示。

步骤10 将光标置于页面中，执行【插入】→【Div】命令，打开【插入 Div】对话框，在【ID】下拉列表框中输入 box，如图 13-34 所示。

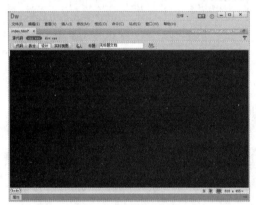

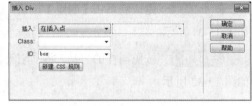

图 13-33 查看效果　　　　　图 13-34 【插入 Div】对话框 1

步骤11 设置完成后单击【确定】按钮，即可在页面中插入名称为 box 的 DIV，页面效果如图 13-35 所示。

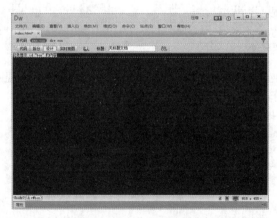

图 13-35 插入 DIV

步骤 12　切换到 div.css 文件，创建一个名为 #box 的 CSS 规则，如下所示。

```
#box {
        width:100%;
        height:1427px;
        background-image:url(/images/6.jpg);
        background-repeat:no-repeat;
        background-position:center top;
}
```

步骤 13　单击 设计 按钮返回【设计】视图中，页面效果如图 13-36 所示。

步骤 14　将光标移至名为 box 的 DIV 中，将多余的文本内容删除，执行【插入】
→【Div】命令，打开【插入 Div】对话框，在【ID】下拉列表框中输入 top，如图 13-37
所示。完成后单击【确定】按钮，即可在名为 box 的 DIV 中插入名为 top 的 DIV。

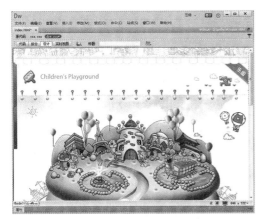

图 13-36　查看效果

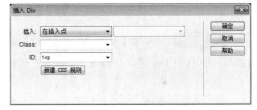

图 13-37　【插入 Div】对话框 2

步骤 15　切换到 div.css 文件，创建一个名称为 #top 的 CSS 规则，如图 13-38 所示。

图 13-38　创建 CSS 规则

```
#top {
    width:1310px;
    height:555px;
    margin:auto;
}
```

步骤16 在名为 top 的 DIV 中，将多余的文本内容删除，执行【插入】→【媒体】→【Flash SWF】命令，将一个 Flash 动画插入到名为 top 的 DIV 中（网盘\素材文件\第13章\top.swf），然后在【属性】面板上单击【播放】按钮，即可看到效果，如图 13-39 所示。

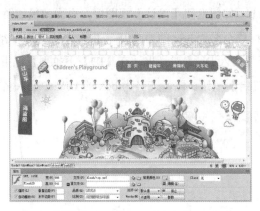

图 13-39 插入 Flash 动画 1

步骤17 执行【插入】→【Div】命令，在名为 top 的 DIV 中插入名为 top01 的 DIV，将页面切换到 div.css 文件，创建一个名称为 #top01 的 CSS 规则，如下所示。

```
#top01 {
    width:1310px;
    height:555px;
    position:absolute;
    top:0px;
    left:50%;
    margin-left:-493px;
}
```

步骤18 单击 设计 按钮返回【设计】视图中，页面效果如图 13-40 所示。

图 13-40 查看效果

步骤 19　在名为 top0l 的 DIV 中将多余的文本内容删除，将一个 Flash 动画插入到名为 top0l 的 DIV 中（网盘 \ 素材文件 \ 第 13 章 \shuipao.swf），然后在【属性】面板上的【Wmode】下拉列表中选择【透明】选项，如图 13-41 所示。

步骤 20　将光标放置于页面空白处，执行【插入】→【Div】命令，打开【插入 Div】对话框，在【ID】下拉列表中输入 footer，完成后单击【确定】按钮，如图 13-42 所示。

图 13-41　插入 Flash 动画 2

图 13-42　【插入 Div】对话框 3

步骤 21　将光标移至名为 footer 的 DIV 中，将多余的文本内容删除，执行【插入】→【图像】→【图像】命令，在名为 footer 的 DIV 中插入一幅图像（网盘 \ 素材文件 \ 第 13 章 \9.jpg），如图 13-43 所示。

步骤 22　执行【文件】→【保存】命令，保存文档。按下【F12】键浏览网页，效果如图 13-44 所示。

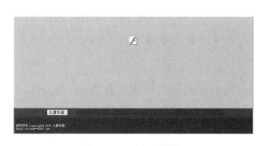

图 13-43　插入图像

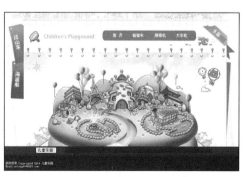

图 13-44　浏览网页

🌐 同步训练——使用 DIV 布局网页

通过上机实战案例的学习，为了增强读者的动手能力，下面安排一个同步训练案例，让读者达到举一反三、触类旁通的学习效果。

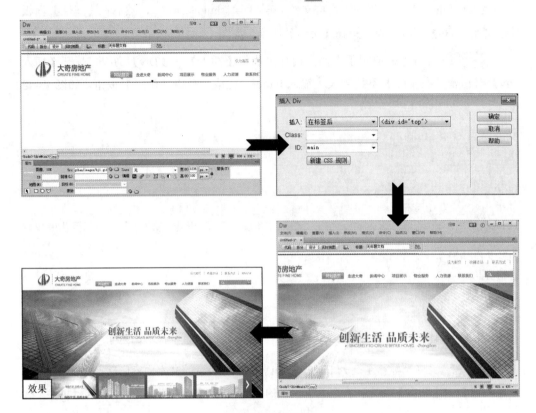

效果

思路分析

本例使用 DIV 来进行网页布局，然后插入图像来制作。

关键步骤

步骤 01　在 Dreamweaver 中新建一个网页文件，将光标置于页面中，执行【插入】→【Div】命令，打开【插入 Div】对话框，在【ID】文本框中输入 top，如图 13-45 所示。

步骤 02　设置完成后单击【确定】按钮，即可在页面中插入名称为 top 的 DIV，将光标移至名为 top 的 DIV 中，将多余的文本内容删除，然后在 DIV 中插入一幅图像（网盘 \ 素材文件 \ 第 13 章 \bj1.gif），如图 13-46 所示。

步骤 03　执行【插入】→【Div】命令，打开【插入 Div】对话框，在【插入】下拉列表中选择【在标签后】选项，并在右侧的下拉列表中选择〈div id="top"〉选项，在【ID】下拉列表中输入 main，如图 13-47 所示。

步骤 04　将光标移至名为 main 的 DIV 中，将多余的文本内容删除，然后在 DIV 中插入一幅图像（网盘 \ 素材文件 \ 第 13 章 \bj2.gif），如图 13-48 所示。

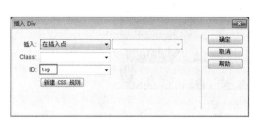

图 13-45 设置 ID 1

图 13-46 插入图像 1

图 13-47 设置 ID 2

图 13-48 插入图像 2

步骤 05 执行【插入】→【Div】命令，打开【插入 Div】对话框，在【插入】下拉列表中选择【在标签后】选项，并在右侧的下拉列表中选择〈div id="main"〉选项，在【ID】下拉列表中输入 footer，如图 13-49 所示。

步骤 06 将光标移至名为 footer 的 DIV 中，将多余的文本内容删除，然后在 DIV中插入一幅图像（网盘 \ 素材文件 \ 第 13 章 \bj3.gif），如图 13-50 所示。

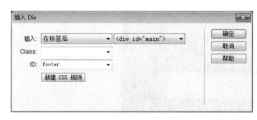

图 13-49 设置 ID 3

图 13-50 插入图像 3

步骤 07 保存网页后按【F12】键浏览，即可看到本例的完成效果，如图 13-51 所示。

图 13-51   浏览网页

知识能力测试

本章讲解了 CSS+DIV 布局网页，为了对知识进行巩固和考核，布置以下相应的练习题。

一、填空题

1．将光标置于 DIV 中，然后单击"状态栏"上的＿＿＿＿标签可将其选中。

2．绝对定位在 CSS 中的写法是＿＿＿＿，其表达的意思是参照浏览器的左上角且配合 top、right、bottom、left（上、右、下、左）值来定位元素。

二、判断题

1．DIV 标签只是一个标识，作用是把内容标识为一个区域，并不负责其他事情。

（　　）

2．DIV 只是 CSS 布局工作的第一步，需要通过 DIV 将页面中的内容元素标识出来，而为内容添加样式则由 CSS 来完成。　　　　　　　　　　　　　　　　（　　）

3．DIV 全称 Division，意为"样式"，它是用来定义网页内容中逻辑区域的标签。

（　　）

三、操作题

1．使用 DIV 布局一个网页，如图 13-52 所示。

图 13-52   网页效果

2．按照本章所讲述的方法使用 DIV+CSS 布局一个网页。

CC

DREAMWEAVER

随着 Internet 在中国的普及，互联网信息技术彻底改变了人们的生活和工作。越来越多不同类型的企业建立了网站进行宣传。本章就详细讲解了企业形象宣传网站、交互式在线娱乐网站、电商网站的 PC 端制作及将其发布为手机 / 平板端的方法。

学习目标

- 掌握各种网站 PC 端的制作
- 掌握将网站 PC 端发布为手机 / 平板端的操作

14.1 企业形象宣传网站

近年来，由于互联网的快速发展，更多的企业已经将宣传产品的目光投向了网络。建立网站已经成为企业展示自身形象，宣传企业产品的主要途径之一。下面就来讲述一个企业官方网站 PC 端和手机 / 平板端的制作。

14.1.1 制作企业形象宣传网站 PC 端

步骤 01 在硬盘上建立一个名为"企业官方网站"的文件夹作为本地根文件夹，用来存放相关文档，然后在"企业官方网站"文件夹里再创建一个名为"images"的文件夹和一个名为"flash"的文件夹，分别用来存放网站中用到的图像文件和媒体文件。启动 Dreamweaver CC，将站点命名为"官方网站"，将"企业官方网站"文件夹设置为本地根文件夹，完成后单击【保存】按钮，如图 14-1 所示。

步骤 02 新建一个网页文件，执行【插入】→【表格】命令，插入一个 1 行 2 列、宽为 778 像素的表格，并在【属性】面板中将表格对齐方式设置为【居中对齐】，把【填充】和【间距】都设置为 0，如图 14-2 所示。

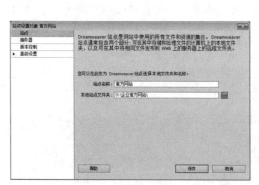

图 14-1　新建站点

图 14-2　插入表格

步骤 03 将光标放置于表格左侧单元格中，执行【插入】→【图像】→【图像】命令，在单元格中插入素材图像"网盘 \ 素材文件 \ 第 14 章 \qy1.jpg"，如图 14-3 所示。

步骤 04 单击 代码 按钮切换到【代码】视图，在 td width="548" 后添加代码：background="images/qy2.jpg"，表示使用 qy2.jpg 作为单元格的背景图像，如图 14-4 所示。

图 14-3 插入图像

图 14-4 设置背景图像

步骤 05 单击 设计 按钮返回到【设计】视图，在设置了背景图像的单元格中输入文字，文字大小为 12 像素，颜色为白色，如图 14-5 所示。

步骤 06 执行【插入】→【表格】命令，插入一个 1 行 2 列、宽为 778 像素的表格，并在【属性】面板中将表格对齐方式设置为"居中对齐"，把【填充】和【间距】都设置为 0，如图 14-6 所示。

图 14-5 输入文字

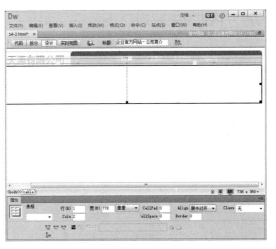

图 14-6 插入表格

步骤 07 将素材文件 qy3.jpg 设置为表格的背景图像，将光标放置于表格第 1 列单元格中，然后插入一个素材文件 1.swf。选中插入的 Flash 动画，在【属性】面板上的【Wmode】下拉列表中选择【透明】选项，如图 14-7 所示。

步骤 08 将光标放置于表格第 2 列单元格中，然后插入素材文件 2.swf。选中插入的 Flash 动画，在【属性】面板上的【Wmode】下拉列表中选择【透明】选项，如图 14-8 所示。

图 14-7　插入 Flash 动画 1

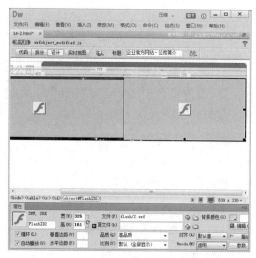

图 14-8　插入 Flash 动画 2

步骤 09　执行【插入】→【表格】命令，插入一个 1 行 2 列、宽为 778 像素的表格，并在【属性】面板中将表格对齐方式设置为【居中对齐】，把【填充】和【间距】都设置为 0，如图 14-9 所示。

步骤 10　执行【插入】→【表格】命令，在表格的左侧单元格中插入一个 2 行 1 列、宽度为 100% 的嵌套表格，如图 14-10 所示。

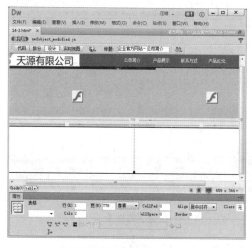

图 14-9　插入表格

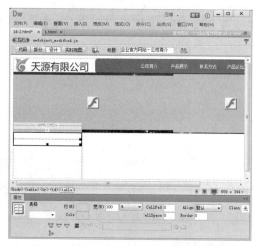

图 14-10　插入嵌套表格

步骤 11　将光标放置于嵌套表格的第 1 行单元格中，执行【插入】→【图像】→【图像】命令，在该单元格中插入素材文件"网盘 \ 素材文件 \ 第 14 章 \qy4.jpg"，如图 14-11 所示。

步骤 12　在嵌套表格第 2 行单元格中输入文本，文本大小为 12 像素，颜色为灰色（#666666），如图 14-12 所示。

图 14-11 插入图像

图 14-12 输入文本

步骤 13 单击 代码 按钮打开代码视图，在文本前输入代码 <marquee behavior=
"scroll" direction="up" width="170" height="116" scrollamount="2" onmouseover="this.stop()"
onmouseout="this.start()">，如图 14-13 所示。

步骤 14 在文本后输入代码 </marquee>，如图 14-14 所示。

```
<td width="194" height="129" valign="top"><table width="100%" border=
"0" cellspacing="0" cellpadding="0">
    <tr>
        <td height="47"><img src="images/14-3-01.jpg" width="185" height=
"28" alt=""/></td>
    </tr>
    <tr>
        <td height="64" style="font-size: 12px; color: #666;">
        <marquee behavior="scroll" direction="up" width="170" height=
"116" scrollamount="2" onmouseover="this.stop()" onmouseout=
"this.start()">
              为了庆祝本公司建立三周年以及网站开
通，公司网站内所有产品一律超低价优惠，详情请单击此处查看。 </td>
    </table></td>
    <td> </td>
</table>
<script type="text/javascript">
swfobject.registerObject("FlashID");
swfobject.registerObject("FlashID2");
</script>
</body>
</html>
```

图 14-13 添加代码 1

图 14-14 添加代码 2

> **温馨提示**
>
> 这段代码表示在单元格中将所输入的文字滚动显示，<marquee> 标签表示对文字进行滚动设置，其他的属性值如 "scrollAmount" "direction" 等代码是对滚动的速度、滚动方向及高度进行控制。关于所滚动的文字，读者可根据实际需要进行编辑。

步骤 15 将光标放置于表格右侧的单元格中，将其拆分为两列，如图 14-15
所示。

步骤 16 将光标放置于表格中间的单元格中，执行【插入】→【表格】命令，插
入一个 2 行 3 列，宽为 100% 的嵌套表格，如图 14-16 所示。

图 14-15　拆分单元格

图 14-16　插入嵌套表格

步骤 17　将嵌套表格第 1 行的所有单元格全部合并，然后在合并后的单元格中插入素材图像"网盘 \ 素材文件 \ 第 14 章 \qy5.jpg"，如图 14-17 所示。

步骤 18　将光标放置在嵌套表格第 2 行中间的单元格中，输入公司介绍文字，文字大小为 12 像素，颜色为深灰色（#666666），如图 14-18 所示。

图 14-17　插入图像

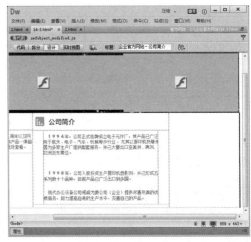
图 14-18　输入文字

步骤 19　将光标放置于表格右侧的单元格中，执行【插入】→【图像】→【图像】命令，在该单元格中插入素材文件"网盘 \ 素材文件 \ 第 14 章 \qy6.jpg"，如图 14-19 所示。

步骤 20　将光标放置于页面空白处，插入一个 1 行 1 列、宽为 778 像素的表格，并在【属性】面板中将表格对齐方式设置为【居中对齐】，把【填充】和【间距】都设置为 0，将表格高度设置为 35，背景颜色设置为绿色（#2F7B5F），然后在表格中输入文字，如图 14-20 所示。

图 14-19　插入图像

图 14-20　插入表格

步骤 21　保存网页，按【F12】键浏览，效果如图 14-21 所示。

图 14-21　浏览网页

14.1.2　制作企业形象宣传网站手机 / 平板端

随着 4G 的普及，越来越多的人使用手机、平板上网。移动设备正超过桌面设备，成为访问互联网的最常见终端，于是将网页适应平板端也越来越重要。下面就将本章制作的企业形象宣传网站发布为移动端来进行介绍。

步骤 01　打开 14.1.1 小节制作的 PC 端网页，将光标放置在页面最上方，插入一个 1 行 1 列，宽为 48% 的表格，如图 14-22 所示。

步骤 02　将下面表格左侧单元格中的图像剪切到新插入的表格中，然后在剪切图像后的单元格中单击鼠标右键，在弹出的快捷菜单中选择【表格】→【删除列】命令，如图 14-23 所示。

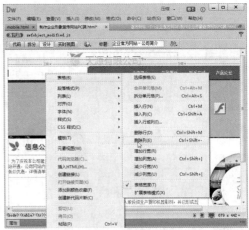

图 14-22 插入表格　　　　　　　　　图 14-23 删除单元格

步骤 03 将下面表格中的 Flash 动画删除，将背景图像也删除，然后将两列单元格合并，最后在表格中插入素材文件"网盘 \ 素材文件 \ 第 14 章 \qy7.jpg"，如图 14-24 所示。

步骤 04 将下方表格最右侧的图像和单元格删除，如图 14-25 所示。

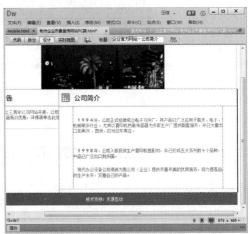

图 14-24 插入图像　　　　　　　　　图 14-25 删除列

步骤 05 在【属性】面板中将所有表格的宽度都设置为 48%，如图 14-26 所示。

步骤 06 切换到代码视图，在 <head>...</head> 标签中添加代码 <meta name="viewport" content="width=device-width, initial-scale=1.0, minimum-scale=0.5, maximum-scale=2.0, user-scalable=yes" />，如图 14-27 所示。

温馨
提示

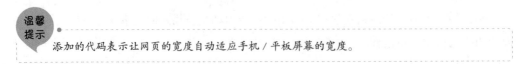
添加的代码表示让网页的宽度自动适应手机 / 平板屏幕的宽度。

图 14-26　设置表格宽度

图 14-27　添加代码

步骤 07　将网页另存为"mobile.html"，然后使用浏览器 Google Chrome 打开"mobile.html"，如图 14-28 所示。

步骤 08　单击浏览器右上角的 ≡ 按钮，在弹出的菜单中选择【更多工具】→【开发者工具】选项，如图 14-29 所示。

图 14-28　打开网页

图 14-29　选择【开发者工具】选项

温馨提示

使用 Google Chrome 浏览器打开网页的主要原因是在该浏览器中可以模拟各款手机／平板来测试网页。

步骤 09　在【Device】下拉列表中选择【Apple iPhone 6 Plus】选项，即可看到网页在苹果的 iPhone 6 Plus 手机中的浏览效果，如图 14-30 所示。

步骤 10　在【Device】下拉列表中选择【Apple iPad】选项，即可看到网页在苹果的 iPad 平板电脑中的浏览效果，如图 14-31 所示。

图 14-30　在苹果的 iPhone 6 Plus 手机中的
浏览效果

图 14-31　在苹果的 iPad 平板电脑中的
浏览效果

步骤 11　在【Device】下拉列表中选择【Samsung Galaxy Note】选项，即可看到网页在三星的手机中的浏览效果，如图 14-32 所示。

图 14-32　在 Samsung Galaxy Note 手机中的浏览效果

14.2　制作交互式在线娱乐网站

下面介绍一个交互式在线娱乐网站 PC 端和手机 / 平板端的制作。

14.2.1　制作交互式在线娱乐网站 PC 端

步骤 01　在硬盘上建立一个名为"在线交互娱乐网站"的文件夹作为本地根文件夹，用来存放相关文档，然后在"在线交互娱乐网站"文件夹里再创建一个名为"images"的文件夹和一个名为"flash"的文件夹，分别用来存放网站中用到的图像文件和媒体文件。启动 Dreamweaver CC，将站点命名为"交互娱乐网站"，将"在线交互娱乐网站"文件夹设置为本地根文件夹，完成后单击【保存】按钮，如图 14-33 所示。

步骤 02　新建一个网页文件，执行【插入】→【表格】命令，插入一个 2 行 1 列、宽为 800 像素的表格，并在【属性】面板中将表格对齐方式设置为【居中对齐】，把【填充】和【间距】都设置为 0，如图 14-34 所示。

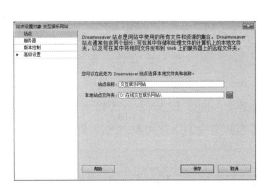

图 14-33　新建站点

图 14-34　插入表格

步骤 03　将光标放置于表格第 1 行单元格中，执行【插入】→【图像】→【图像】命令，在单元格中插入素材图像"网盘 \ 素材文件 \ 第 14 章 \yl1.jpg"，如图 14-35 所示。

步骤 04　将表格第 2 行单元格的背景颜色设置为灰色（#F5F5F5），然后在单元格中插入素材图像"网盘 \ 素材文件 \ 第 14 章 \yl2.jpg"，如图 14-36 所示。

步骤 05　将光标放置于页面空白处，执行【插入】→【表格】命令，插入一个 3 行 1 列、宽为 800 像素的表格，并在【属性】面板中将表格对齐方式设置为【居中对齐】，把【填充】和【间距】都设置为 0，如图 14-37 所示。

步骤 06　在表格第 1 行单元格中输入文字，文字大小为 12 像素，颜色为灰色（#302930），如图 14-38 所示。

图 14-35 插入图像 1

图 14-36 插入图像 2

图 14-37 插入表格

图 14-38 输入文字

步骤 07 将光标放置于表格第 2 行单元格中，执行【插入】→【媒体】→【Flash Video】命令，打开【插入 FLV】对话框，在【视频类型】下拉列表中选择【累进式下载视频】选项，如图 14-39 所示。

步骤 08 单击【URL】文本框右侧的【浏览】按钮，打开【选择 FLV】对话框，在对话框中选择需要播放的 FLV 视频文件 123.flv，如图 14-40 所示。

图 14-39 【插入 FLV】对话框

图 14-40 选择视频

步骤 09　在【外观】下拉列表中选择【Clear Skin 1（最小宽度：140）】选项，将宽和高分别设置为 490 和 320，如图 14-41 所示。

步骤 10　完成后单击【确定】按钮，即可在网页文档中插入 FLV 视频文件，如图 14-42 所示。

图 14-41　设置外观

图 14-42　插入视频

步骤 11　在表格第 3 行单元格中插入素材文件"网盘\素材文件\第 14 章\yl3.jpg"，如图 14-43 所示。

步骤 12　执行【修改】→【页面属性】命令，打开【页面属性】对话框，将网页的【上边距】与【下边距】都设置为 0，如图 14-44 所示。

图 14-43　插入图像

图 14-44　设置边距

步骤 13　保存网页，按【F12】键浏览，效果如图 14-45 所示。

图 14-45　浏览网页

14.2.2 制作交互式在线娱乐网站手机 / 平板端

步骤 01　打开上一节制作的 PC 端网页，将最上方单元格中的图像删除，然后插入素材文件"网盘 \ 素材文件 \ 第 14 章 \yl4.jpg"，如图 14-46 所示。

步骤 02　在【属性】面板中将所有表格的宽度都设置为 40%，如图 14-47 所示。

图 14-46　插入图像

图 14-47　设置表格宽度

步骤 03　切换到代码视图，在 <head>...</head> 标签中添加代码 <meta name="viewport" content="width=device-width, initial-scale=1.0, minimum-scale=0.5, maximum-scale=2.0, user-scalable=yes" />，如图 14-48 所示。

步骤 04　将网页另存为"mobile.html"，然后使用浏览器 Google Chrome 打开"mobile.html"，如图 14-49 所示。

```
<!doctype html>
<html>
<head>
<meta name="viewport" content="width=device-width,
initial-scale=1.0, minimum-scale=0.5, maximum-scale=2.0,
user-scalable=yes" />
<meta charset="utf-8">
<title>无标题文档</title>
<script src="Scripts/swfobject_modified.js" type="text/javascript">
</script>
<style type="text/css">
body {
    margin-top: 0px;
    margin-bottom: 0px;
}
</style>
</head>

<body>
<table width="40%" border="0" align="center" cellpadding="0"
cellspacing="0">
```

图 14-48　添加代码　　　　　　　　　　图 14-49　打开网页

 **步骤 05**　单击浏览器右上角的 ≡ 按钮，在弹出的菜单中选择【更多工具】→【开发者工具】选项，如图 14-50 所示。

步骤 06　在开发者模式中，可调试网页在各种手机和平板端中的显示样式，如图 14-51 所示。

图 14-50　选择【开发者工具】选项　　　　　图 14-51　在平板端中显示网页

 ## 14.3　制作电商网站

下面介绍一个电商网站 PC 端和手机 / 平板端的制作。

14.3.1　制作女包电商网站 PC 端

步骤 01　在硬盘上建立一个名为"女包电商网站"的文件夹作为本地根文件夹，

用来存放相关文档,然后在"女包电商网站"文件夹里再创建一个名为"images"的文件夹,用来存放网站中用到的图像文件。启动 Dreamweaver CC,将站点命名为"电商网站",将"女包电商网站"文件夹设置为本地根文件夹,完成后单击【保存】按钮,如图 14-52 所示。

步骤 02 新建一个网页文件,执行【插入】→【表格】命令,插入一个 5 行 1 列、宽为 1020 像素的表格,并在【属性】面板中将表格对齐方式设置为【居中对齐】,把【填充】和【间距】都设置为 0,如图 14-53 所示。

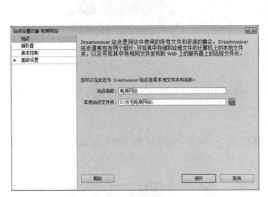

图 14-52 新建站点　　　　　　　　　图 14-53 插入表格

步骤 03 将光标放置于表格第 1 行单元格中,执行【插入】→【图像】→【图像】命令,在单元格中插入素材图像"网盘 \ 素材文件 \ 第 14 章 \ds1.jpg",如图 14-54 所示。

步骤 04 将表格第 2 行单元格的高度设置为 80,然后在单元格中输入英文 New incoming,文字大小为 36,如图 14-55 所示。

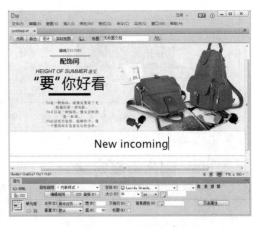

图 14-54 插入图像　　　　　　　　　图 14-55 输入文字

步骤 05 分别在表格第 3、4、5 行单元格中插入图像"网盘 \ 素材文件 \ 第 14 章 \ds2.jpg、ds3.jpg、ds4.jpg",如图 14-56 所示。

步骤 06 执行【修改】→【页面属性】命令,打开【页面属性】对话框,将网页的【上

【边距】与【下边距】都设置为 0，如图 14-57 所示。

图 14-56　插入图像　　　　　　　　　　图 14-57　设置边距

步骤 07　保存网页，按【F12】键浏览，效果如图 14-58 所示。

图 14-58　浏览网页

14.3.2　制作女包电商网站手机 / 平板端

步骤 01　打开上一节制作的 PC 端网页，将表格的宽度设置为 50%，如图 14-59 所示。

步骤 02 切换到代码视图，在 <head>...</head> 标签中添加代码 <meta name="viewport" content="width=device-width, initial-scale=1.0, minimum-scale=0.5, maximum-scale=2.0, user-scalable=yes" />，如图 14-60 所示。

图 14-59　设置表格宽度

图 14-60　添加代码

步骤 03 将网页另存为"mobile.html"，然后使用浏览器 Google Chrome 打开"mobile.html"，如图 14-61 所示。

步骤 04 单击浏览器右上角的 ≡ 按钮，在弹出的菜单中选择【更多工具】→【开发者工具】选项，如图 14-62 所示。

图 14-61　打开网页

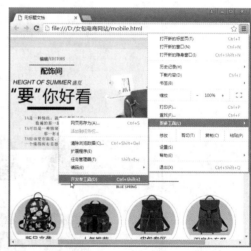

图 14-62　选择【开发者工具】选项

步骤 05 在【Device】下拉列表中选择【Apple iPhone 6 Plus】选项，即可看到网页在苹果的 iPhone 6 Plus 手机中的浏览效果，如图 14-63 所示。

步骤 06 在【Device】下拉列表中选择【Apple iPad】选项，即可看到网页在苹果的 iPad 平板电脑中的浏览效果，如图 14-64 所示。

图 14-63　在苹果的 iPhone 6 Plus 手机中的

　　　　　浏览效果

图 14-64　在苹果的 iPad 平板电脑中的

　　　　　浏览效果

附录 A

Dreamweaver CC 常用快捷键索引

基本操作

功能	快捷键
新建页面	Ctrl+N
打开存在的页面	Ctrl+O
在框架中打开页面	Ctrl+Shift+O
保存当前页面	Ctrl+S
将当前页面重命名并保存	Ctrl+Shift+S
检查链接的有效性	Shift+F8
撤销上一步操作	Ctrl+Z 或 Alt+Backspace
重复上一步操作	Ctrl+Y
剪切文件到剪贴板	Ctrl+X 或 Shift+Del
复制文件到剪贴板	Ctrl+C
将剪贴板的内容粘贴到当前文档中	Ctrl+V
全部选择	Ctrl+A
查找和替换	Ctrl+F
设置首选参数	Ctrl+U
显示 / 隐藏不可见元素	Ctrl+Shift+I
显示 / 隐藏标尺	Ctrl+Alt+R
显示 / 隐藏网格	Ctrl+Alt+G
靠齐到网格	Ctrl+Alt+Shift+G
显示 / 隐藏辅助线	Ctrl+;
插入图像	Ctrl+Alt+I
插入 Flash 动画	Ctrl+Alt+F
强制换行	Shift+Enter
设置页面属性	Ctrl+J
打开快速代码编辑器	Ctrl+T
新建链接	Ctrl+L
删除链接	Ctrl+Shift+L
在模板中新建一个可编辑区域	Ctrl+Alt+V
编辑样式表	Ctrl+Shift+E
拼写检查	Shift+F7
检查链接	Ctrl+F8
退出 Dreamweaver	Ctrl+Q

表格操作

功能	快捷键
插入表格	Ctrl+Alt+T
合并单元格	Ctrl+Alt+M
拆分单元格	Ctrl+Alt+S
在表格中插入一行	Ctrl+M
在表格中插入一列	Ctrl+Shift+A
在表格中删除一行	Ctrl+Shift+M
在表格中删除一列	Ctrl+Shift+−
增加列宽	Ctrl+Shift+]
减少列宽	Ctrl+Shift+[

文本操作

功能	快捷键
文本缩进	Ctrl+Alt+]
取消文本缩进	Ctrl+Alt+[
设置段落格式为无	Ctrl+0
设置段落格式为"段落"	Ctrl+Shift+P
设置段落格式为"标题1"	Ctrl+1
设置段落格式为"标题2"	Ctrl+2
设置段落格式为"标题3"	Ctrl+3
设置段落格式为"标题4"	Ctrl+4
设置段落格式为"标题5"	Ctrl+5
设置段落格式为"标题6"	Ctrl+6
设置文字左对齐	Ctrl+Alt+Shift+L
文字居中对齐	Ctrl+Alt+Shift+C
文字右对齐	Ctrl+Alt+Shift+R
文本样式使用粗体	Ctrl+B
文本样式使用斜体	Ctrl+I

代码编辑

功能	快捷键
选择上一级标签	Ctrl+Shift+<
选择所有代码	Ctrl+A
删除左边一个单词	Ctrl+Backspace
删除右边一个单词	Ctrl+Delete
向上选择一行代码	Shift+ ↑
向下选择一行代码	Shift+ ↓
向左选择一个字符	Shift+ ←
向右选择一个字符	Shift+ →
移到页首	PageUp
移到页尾	PageDown
从光标处选择到页首	Shift+PageUp 或 Ctrl+Shift+Home
从光标处选择到页尾	Shift+PageDown 或 Ctrl+Shift+End
光标向左移动一个单词	Ctrl+ ←
光标向右移动一个单词	Ctrl+ →
向左选择一个单词	Ctrl+Shift+ ←
向右选择一个单词	Ctrl+Shift+ →
光标移到行首	Home
光标移到行尾	End
从光标处选择到行首	Shift+Home
从光标处选择到行尾	Shift+End
光标移动到页首	Ctrl+Home
光标移动到页尾	Ctrl+End

文档编辑

功能	快捷键
转到下一个单词	Ctrl+ →
转到前一个单词	Ctrl+ ←
转到前一段	Ctrl+ ↑
转到下一段	Ctrl+ ↓

续表

功能	快捷键
选择到下一个单词	Ctrl+Shift+ →
选择到前一个单词	Ctrl+Shift+ ←
选择到前一段	Ctrl+Shift+ ↑
选择到下一段	Ctrl+Shift+ ↓
关闭当前窗口	Ctrl+F4
在默认浏览器中进行浏览	F12
在第二浏览器中进行浏览	Shift+F12 或 Ctrl+F12
在默认浏览器中进行调试	Alt+F12
在第二浏览器中进行调试	Ctrl+Alt+F12

CC

DREAMWEAVER

附录 B

CSS 层叠样式表属性

CSS 背景属性

属性	描述
background	在一个声明中设置所有的背景属性
background—attachment	设置背景图像是否固定或者随着页面的其余部分滚动
background—color	设置元素的背景颜色
background—image	设置元素的背景图像
background—position	设置背景图像的开始位置
background—repeat	设置是否及如何重复背景图像

CSS 边框属性

属性	描述
border	在一个声明中设置所有的边框属性
border—bottom	在一个声明中设置所有的下边框属性
border—bottom—color	设置下边框的颜色
border—bottom—style	设置下边框的样式
border—bottom—width	设置下边框的宽度
border—color	设置 4 条边框的颜色
border—left	在一个声明中设置所有的左边框属性
border—left—color	设置左边框的颜色
border—left—style	设置左边框的样式
border—left—width	设置左边框的宽度
border—right	在一个声明中设置所有的右边框属性
border—right—color	设置右边框的颜色
border—right—style	设置右边框的样式
border—right—width	设置右边框的宽度
border—style	设置 4 条边框的样式
border—top	在一个声明中设置所有的上边框属性
border—top—color	设置上边框的颜色
border—top—style	设置上边框的样式
border—top—width	设置上边框的宽度
border—width	设置 4 条边框的宽度

续表

属性	描述
outline	在一个声明中设置所有的轮廓属性
outline-color	设置轮廓的颜色
outline-style	设置轮廓的样式
outline-width	设置轮廓的宽度

CSS 文本属性

属性	描述
color	设置文本的颜色
direction	规定文本的方向
letter-spacing	设置字符间距
line-height	设置行高
text-align	规定文本的水平对齐方式
text-decoration	规定添加到文本的装饰效果
text-indent	规定文本块首行的缩进
text-shadow	规定添加到文本的阴影效果
text-transform	控制文本的大小写
white-space	规定如何处理元素中的空白
word-spacing	设置单词间距

CSS 字体属性

属性	描述
font	在一个声明中设置所有字体属性
font-family	规定文本的字体系列
font-size	规定文本的字体尺寸
font-stretch	收缩或拉伸当前的字体系列
font-style	规定文本的字体样式
font-weight	规定字体的粗细

CSS 外边距属性

属性	描述
margin	在一个声明中设置所有外边距属性

续表

属性	描述
margin−bottom	设置元素的下外边距
margin−left	设置元素的左外边距
margin−right	设置元素的右外边距
margin−top	设置元素的上外边距

CSS 内边距属性

属性	描述
padding	在一个声明中设置所有内边距属性
padding−bottom	设置元素的下内边距
padding−left	设置元素的左内边距
padding−right	设置元素的右内边距
padding−top	设置元素的上内边距

CSS 尺寸属性

属性	描述
height	设置元素高度
max−height	设置元素的最大高度
max−width	设置元素的最大宽度
min−height	设置元素的最小高度
min−width	设置元素的最小宽度
width	设置元素的宽度

CSS 表格属性

属性	描述
border−collapse	规定是否合并表格边框
border−spacing	规定相邻单元格边框之间的距离
caption−side	规定表格标题的位置
empty−cells	规定是否显示表格中的空单元格上的边框和背景

CC
DREAMWEAVER

附录 C
HTML 代码的标签

定义文档

标签	描述
<!DOCTYPE>	定义文档类型
<html>	定义 HTML 文档
<body>	定义文档的主体
<h1> to <h6>	定义 HTML 标题
<p>	定义段落
 	定义简单的换行
<hr>	定义水平线
<!--...-->	定义注释

定义文本

标签	描述
<b>	定义粗体文本
<font>	定义文本的字体、尺寸和颜色
<i>	定义斜体文本
<em>	定义强调文本
<big>	定义大号文本
<strong>	定义更为强烈的强调文本
<small>	定义小号文本
<sup>	定义上标文本
<sub>	定义下标文本
<bdo>	定义文本的方向
<u>	定义下划线文本
<abbr>	定义缩写
<address>	定义文档作者或拥有者的联系信息
<blockquote>	定义块引用
<center>	定义居中文本
<q>	定义短的引用
<ins>	定义被插入文本
<del>	定义被删除文本

框架

标签	描述
<frame>	定义框架集的窗口或框架
<frameset>	定义框架集
<noframes>	定义针对不支持框架的用户的替代内容
<iframe>	定义内联框架

列表

标签	描述
<ul>	定义无序列表
<ol>	定义有序列表
<li>	定义列表的项目
<dir>	定义目录列表
<dl>	定义列表
<dt>	定义列表中的项目
<dd>	定义列表中项目的描述

表格

标签	描述
<table>	定义表格
<caption>	定义表格标题
<th>	定义表格中的表头单元格
<tr>	定义表格中的行
<td>	定义表格中的单元
<thead>	定义表格中的表头内容
<tbody>	定义表格中的主体内容
<tfoot>	定义表格中的表注内容（脚注）
<col>	定义表格中一个或多个列的属性值
<colgroup>	定义表格中供格式化的列组

图像与链接

标签	描述
\<img\>	定义图像
\<map\>	定义图像映射
\<a\>	定义链接
\<link\>	定义文档与外部资源的关系

CC
DREAMWEAVER

附录 D
综合上机实训题

为了强化学生的上机操作能力，专门安排了以下上机实训项目，老师可以根据教学进度与教学内容，合理安排学生上机训练操作的内容。

实训一：制作网站提示信息

在 Dreamweaver CC 中，制作一个单击"下载壁纸"文字链接，即可弹出网站提示信息的效果，如图 D-1 所示。

素材文件	网盘 \ 素材文件 \ 综合上机实训素材文件 \ 实训一 \1.jpg
结果文件	网盘 \ 结果文件 \ 综合上机实训结果文件 \ 实训一 \ 制作网站提示信息 .html

图 D-1　网站提示信息

> **操作提示**

在制作"网站提示信息"的实例操作中，主要通过插入表格与图像、使用"弹出信息"动作来制作。主要操作步骤如下。

①新建一个网页文件，插入一个 2 行 1 列的表格。

②分别在两行单元格中输入文字与插入图像。

③为文字添加弹出信息动作。

实训二：制作"美容护肤"网页

在 Dreamweaver CC 中，制作如图 D-2 所示的"美容护肤"网页。

素材文件	网盘 \ 素材文件 \ 综合上机实训素材文件 \ 实训二 \p1.jpg
结果文件	网盘 \ 结果文件 \ 综合上机实训结果文件 \ 实训二 \ 制作"美容护肤"网页 .html

> **操作提示**

本例首先是在网页文档中插入图像与输入文本，然后为文本设置下划线，最后综合使用项目列表与编号列表来制作。主要操作步骤如下。

① 在网页中插入图像并输入文字。

② 为文字添加下划线。

③ 为文字添加编号列表和项目列表。

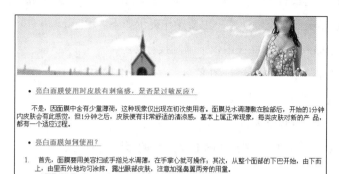

图 D-2　"美容护肤"网页

实训三：网页导航条

在 Dreamweaver CC 中，制作如图 D-3 所示的网页导航条效果。

素材文件	网盘 \ 素材文件 \ 综合上机实训素材文件 \ 实训三
结果文件	网盘 \ 结果文件 \ 综合上机实训结果文件 \ 实训三 \ 网页导航条 .html

（a）鼠标未经过时

（b）鼠标经过时

图 D-3　网页导航条

操作提示

在制作网页导航条的实例操作中，首先通过设置页面属性为网页添加背景图像，然后通过插入鼠标经过图像为网页添加鼠标指针移动到图像上产生相应的交互效果，使导航条看上去不但精美而且充满动感。主要操作提示如下。

① 在网页中插入图像，并在图像下强制换行。

② 在图像下插入 5 个鼠标经过图像。

③ 为网页设置背景图像即可。

实训四：制作隔距边框表格

在 Dreamweaver CC 中，制作如图 D-4 所示的隔距边框表格效果。

素材文件	网盘 \ 素材文件 \ 综合上机实训素材文件 \ 实训四
结果文件	网盘 \ 结果文件 \ 综合上机实训结果文件 \ 实训四 \ 制作隔距边框表格 .html

图 D-4　隔距边框表格

操作提示

在制作"隔距边框表格"效果的实例操作中，首先是插入表格，设置表格的"填充"与"间距"，然后为表格设置背景图像，再插入嵌套表格，设置嵌套表格的背景颜色，最后在嵌套表格中输入栏目文字。主要操作步骤如下。

① 在网页中插入表格，并设置填充与间距。

② 为表格设置背景图像，然后插入嵌套表格。

③ 设置嵌套表格的背景颜色，然后在其中输入文字即可。

实训五：制作电子邮件链接

在 Dreamweaver CC 中，制作如图 D-5 所示的"电子邮件链接"效果。

素材文件	网盘 \ 素材文件 \ 综合上机实训素材文件 \ 实训五
结果文件	网盘 \ 结果文件 \ 综合上机实训结果文件 \ 实训五 \ 制作电子邮件链接 .html

操作提示

在制作"电子邮件链接"效果的实例操作中，首先插入表格，再在表格中插入图像，然后通过表格与嵌套表格来制作网页主体部分，最后通过创建电子邮件链接来实现用户在网站上给公司客服部门发送邮件的效果。主要操作步骤如下。

① 在网页中插入表格和图像。

② 创建导航栏文字。

③ 创建电子邮件链接文字，然后为其添加电子邮件链接即可。

图 D-5　制作电子邮件链接

实训六：制作多媒体网页

在 Dreamweaver CC 中，制作如图 D-6 所示的多媒体网页。

素材文件	网盘 \ 素材文件 \ 综合上机实训素材文件 \ 实训六
结果文件	网盘 \ 结果文件 \ 综合上机实训结果文件 \ 实训六 \ 制作多媒体网页 .html

图 D-6　制作多媒体网页

操作提示

在制作多媒体网页的实例操作中，主要使用了添加网页视频和表格与图像，以及行为动作来制作。主要操作步骤如下。

① 新建一个网页，然后使用表格布局网页。

② 使用透明 Flash 技术制作图像上的透明动画。

③ 在单元格中插入网页视频。

④ 插入表格，在表格中插入图像与输入文字。

⑤ 使用行为动作，制作网页弹出广告。

实训七：制作边框阴影与折角效果

在 Dreamweaver CC 中，制作如图 D-7 所示的边框阴影与折角效果。

素材文件	网盘 \ 素材文件 \ 综合上机实训素材文件 \ 实训七 \s2.jpg
结果文件	网盘 \ 结果文件 \ 综合上机实训结果文件 \ 实训七 \ 制作边框阴影与折角效果 .html

图 D-7　制作边框阴影与折角效果

操作提示

在制作边框阴影与折角效果的实例操作中，主要通过在"代码"视图中设置标题、添加 CSS 来制作。主要操作步骤如下。

① 新建一个网页文件，单击 代码 按钮切换到"代码"视图，在 <title>...</title> 标签之间输入文字。

② 将光标放置于 </title> 标签之后，按【Enter】键换行，然后输入代码即可。

实训八：制作视频教学网页

在 Dreamweaver CC 中，制作如图 D-8 所示的视频教学网页效果。

素材文件	网盘 \ 素材文件 \ 综合上机实训素材文件 \ 实训八
结果文件	网盘 \ 结果文件 \ 综合上机实训结果文件 \ 实训八 \ 制作视频教学网页 .html

图 D-8　制作视频教学网页

操作提示

在制作视频教学网页的实例操作中，首先将背景设置为绿色，保护学习者的眼睛，然后插入表格与图像，再在网页中插入插件，并选择视频文件，设置视频的大小，最后为插件设置参数，使视频能够在网页中顺利播放。主要操作步骤如下。

① 新建一个网页文件，然后设置背景颜色。

② 插入表格进行布局。

③ 在表格中插入图像和插件，并设置视频的大小和参数。

实训九：在网页中放大图像

在 Dreamweaver CC 中，制作如图 D-9 所示的放大图像效果。

素材文件	网盘＼素材文件＼综合上机实训素材文件＼实训九
结果文件	网盘＼结果文件＼综合上机实训结果文件＼实训九＼在网页中放大图像 .html

图 D-9　在网页中放大图像

操作提示

在制作放大图像的实例操作中，主要通过交换图像行为功能，制作当鼠标经过图像时在大图像区域显示大图像。主要操作步骤如下。

① 新建一个网页文件，插入表格布局。

② 在单元格中插入图像，输入文字。

③ 使用交换图像行为功能，制作放大图像效果。

实训十：制作数码产品网页

在 Dreamweaver CC 中，制作如图 D-10 所示的数码产品网页。

素材文件	网盘＼素材文件＼综合上机实训素材文件＼实训十
结果文件	网盘＼结果文件＼综合上机实训结果文件＼实训十＼制作数码产品网页 .html

图 D-10 数码产品网页

操作提示

在制作数码产品网页的实例操作中，首先将网页背景颜色设置为灰色，然后插入表格与输入文字制作网页导航，最后通过使用表格与插入图像来制作数码产品网页的主体内容。主要操作步骤如下。

① 新建一个网页文件，为其设置背景颜色。

② 使用表格和输入文字制作网页导航条。

③ 拆分表格，然后在拆分后的单元格中插入图像。

附录 E

知识与能力总复习题 1

一、选择题（每题 2 分，共 25 小题，共计 50 分）

1．某个网页中有很多新闻的标题，当我们用鼠标单击一个新闻标题以后，就会显示出新闻的内容。这种技术是（　　）。

　　A．超链接　　　　　B．服务器　　　　　C．HTML　　　　　D．域名

2．选择菜单栏中的【修改】→【页面属性】命令，在【页面属性】对话框中可以对页面的属性进行设置。下列选项中不能通过该对话框设置的是（　　）。

　　A．文本颜色　　　　B．背景颜色　　　　C．背景音乐　　　　D．文字大小

3．编写 HTML 文档的时候，如果希望在文字中进行换行，那么可以使用的标签是（　　）。

　　A．<p>　　　　　　B．
　　　　　　C．<font>　　　　　D．<ul>

4．HTML 有很多设置文本显示状态的标签。其中，标签 "<CENTER></CENTER>" 表示（　　）。

　　A．文本加注下标线　　　　　　　B．文本加注上标线

　　C．文本闪烁　　　　　　　　　　D．文本或图片居中

5．在 Dreamweaver 中，选择菜单栏中的【插入】→【表格】命令，可以打开【插入表格】对话框，设置表格的参数，但不包括（　　）。

　　A．水平行数目　　　　　　　　　B．垂直行数目

　　C．每个单元格的宽度　　　　　　D．表格的预设宽度

6．使用表格可以进行网页布局。对此，以下说法错误的是（　　）。

　　A．要 "先规划后执行"，也就是说先规划好整体布局，再在布局表格中添加具体内容

　　B．先制作好大表格，再添加小单元格

　　C．默认的布局表格是没有背景颜色的

　　D．布局表格的 "border" 的值默认为 1，所以布局表格都带有细线边框

7．【文档窗口】在 Dreamweaver 中有非常重要的作用。下面关于文档窗口的说法，错误的是（　　）。

　　A．文档窗口是 Dreamweaver 使用者直接进行编辑文字、图像等的场所

　　B．在 Dreamweaver 中，只能打开单个文档窗口进行编辑

　　C．文档窗口的左下角是标签选择器，可以快速地选择标签

　　D．在文档窗口的右下角，会显示当前窗口的大小和下载的时间

8．网页标题的内容，通常会显示在浏览器窗口的左上角。要标记网页的标题，可以使用的标签是（　　）。

　　A．<html></html>　　　　　　　　B．<head></head>

C．<body></body>　　　　　　　　　D．<title></title>

9．在建立本地站点的时候，可以在【站点定义为】对话框中设置站点的相关参数。其中不能设置的选项是（　　）。

A．链接相对于　　　　　　　　　　B．网站大小

C．默认图像文件夹　　　　　　　　D．本地根文件夹

10．在 Dreamweaver 中，对文本进行设置的时候，使用【属性】面板上的【格式】下拉列表框可以设置文本的标题等级。其中可以选择"标题1"～（　　）。

A．"标题5"　　B．"标题6"　　C．"标题7"　　D．"标题8"

11．在 Dreamweaver 的【编辑】菜单命令中，选择了【查找和替换】命令之后，将会出现的情况是（　　）。

A．从剪贴板中粘贴当前选区，不带格式

B．显示文件列表

C．重复前面的查找操作

D．显示替换对话框

12．HTML 用十六进制值来表示颜色。下列选项中，表示"红色"的代码是（　　）。

A．#FF0000　　B．#008080　　C．#FF00FF　　D．#00FFFF

13．单元格的"间距"决定了相邻两个单元格之间的距离。以下代码中，设置单元格间距的代码是（　　）。

A．<table border=#>　　　　　　　B．<table cellspacing=#>

C．<table cellpadding=#>　　　　　D．<table width=#>

14．在网页中可以插入图像，下面描述错误的是（　　）。

A．Img 标签的作用是在网页中放置一个图像

B．网页中的图像文件和该网页文件是分别存储的

C．Width 和 Height 属性的作用是设置图像的宽度和高度

D．网页中的图像文件和该网页文件必须放在同一个文件夹中

15．有些图像的背景可以是透明的。下面的各种图像格式中，支持透明背景的是（　　）。

A．BMP　　　　B．JPEG　　　　C．PNG　　　　D．JPG

16．超链接文本和普通文本在外观上是有区别的。默认情况下，已经访问过的超链接文本，它们的颜色是（　　）。

A．蓝色　　　　B．红色　　　　C．黑色　　　　D．紫色

17．在 Dreamweaver 中，可以在图像上添加各种形状的热点区域。这些热点区域的形状不包括（　　）。

A．矩形　　　　B．圆形　　　　C．圆角矩形　　　　D．多边形

18. 在某个单元格中单击，可以将输入点移动到这个单元格中。如果希望可以快速选中整个单元格，可以采取的方法是（　　）。

A. 按住【Shift】键，同时在想要选中的单元格内任意处单击鼠标

B. 按住【Ctrl】键，同时在想要选中的单元格内任意处单击鼠标

C. 按住【Alt】键，同时在想要选中的单元格内任意处单击鼠标

D. 按住【Shift+Alt】组合键，同时在想要选中的单元格内任意处单击鼠标

19. 网页的本质是一个文本文档。用于书写网页的语言是（　　）。

A. XML 　　　　B. C 　　　　C. HTML 　　　　D. C#

20. 合理划分段落，可以让网页的版面看起来整齐美观，便于访问者的阅读。要开始一个新的段落，可以使用的标签是（　　）。

A. <p> 　　　　B.
 　　　　C. <font> 　　　　D. <ul>

21. 在 HTML 代码中，用于设置文本的标签很多。"<left></left>"就是其中之一，它表示（　　）。

A. 文本加注下标线 　　　　　　　　B. 文本或图片靠左对齐

C. 文本闪烁 　　　　　　　　　　　D. 文本或图片居中

22. 在 Dreamweaver 中创建表格的时候，以下不一定要用到的标签是（　　）。

A. <table> 　　　　B. <tr> 　　　　C. <label> 　　　　D. <td>

23. 在网页上，使用超链接指向的远程文件，不一定都可以在浏览器中打开。下面列出的文件类型中，不能直接在浏览器中打开的是（　　）。

A. .gif 文件 　　　　B. .jpg 文件 　　　　C. .rar 文件 　　　　D. .htm 文件

24. 在 Dreamweaver 中，可以给超链接设置目标窗口。如果希望在同一个框架窗口中打开链接的网页，那么目标窗口设置应该为（　　）。

A. _blank 　　　　B. _parent 　　　　C. _self 　　　　D. _top

25. 在 Dreamweaver 的操作界面中，【文档】窗口是编辑网页的主要区域。下面关于文档窗口说法错误的是（　　）。

A. 【设计】视图是 Dreamweaver 使用者直接编写 HTML 代码的场所

B. 【拆分】视图可以同时显示 HTML 代码和设计的效果

C. 可以同时打开多个文档窗口，对不同的网页进行编辑

D. 窗口的右下角会显示当前窗口的大小和下载的时间

二、填空题（每空 1 分，共 12 小题，共计 12 分）

1. 在浏览网页的时候，单击某个图片，这时打开了一个新的网页。这个功能叫做_____。

2. 打开网页标尺的快捷键是_____。

3．在 Dreamweaver 中，默认的可以恢复历史步骤的最大次数是＿＿＿次。

4．页面上的某个图形，当鼠标指针放在它的上面时，该图形变为另一图形，这种效果称为＿＿＿。

5．默认模板的扩展名是＿＿＿。

6．模板的＿＿＿指的是在某个特定条件下该区域可编辑。

7．＿＿＿＿能够帮助设计者快速制作出一系列具有相同风格的网页。

8．在 Dreamweaver CC 中，从整体上控制了网页的风格的是＿＿＿。

9．在 Dreamweaver CC 中，想要使用户在点击超链接时，弹出一个新的网页窗口，需要在超链接中定义目标的属性为＿＿＿。

10．在 Dreamweaver CC 中，格式化命令主要是对＿＿＿进行修改。

11．如果一个公司希望在网络上建立自己的网站，就必须取得一个"门牌"，例如，新浪网的"sina.com.cn"，这就是新浪网的＿＿＿。

12．在 Dreamweaver 中设置表格，如果希望增大各个单元格之间的距离，那么应该修改的表格属性是＿＿＿。

三、简答题（每题 6 分，共 3 小题，共计 18 分）

1．一个网站中，经常会存在多个网页具有相同的外观、结构或局部内容的情况，为此，Dreamweaver 提供了两个非常有用的工具，使设计师可以方便地重复使用设计的页面或者某个页面局部，请问它们分别是什么？并说明它们有什么区别？分别适用于什么情况？

2．Dreamweaver 提供了用途广泛的【行为】功能，请指出【行为】由哪两个部分组成，并对它们分别进行说明，最后请举一些 Dreamweaver 中定义的这两个组成部分的例子。

3．制作网页离不开 CSS，请说明什么是 CSS？它的作用是什么？它与 HTML 之间的关系是怎样的？

四、操作题（每题 10 分，共 2 小题，共计 20 分）

1．创建一个网页，其参考效果如下图所示，要求使用粗体显示标题，并分别使用带序号的列表和无序号的列表进行排版。

古诗大体上分为五种类型。

1. 怀古诗
2. 边塞诗
3. 送别诗
4. 羁旅思乡诗
5. 写景咏物诗（包括田园诗）

文学作品的分类：

- 小说
- 散文
- 戏剧
- 诗歌

2. 制作一个双线表格，要求表格的间距和边框都设置为2，边框颜色可以任意设置，表格内的数据要求居中，效果如下所示。

	甲	乙	丙
学号	1	2	3
性别	女	女	男
年龄	16	16	18
兴趣爱好	上网	看书	运动
	购物	音乐	游戏
	美食	电影	旅游

附录 F　知识与能力总复习题 2（内容见网盘）

附录 G　知识与能力总复习题 3（内容见网盘）